U0303564

三联生活周刊 · 文丛

理想的居所

居所

建筑大师
与他们的自宅

贾冬婷
黑麦 ————

编著

中信出版集团 | 北京

图书在版编目（CIP）数据

理想的居所：建筑大师与他们的自宅 / 贾冬婷，黑麦编著 . -- 北京：中信出版社，2019.7 （2019.9重印）
ISBN 978 - 7 - 5217 - 0595 - 9

Ⅰ.①理…　Ⅱ.①贾…②黑…　Ⅲ.①建筑设计 Ⅳ.①TU2

中国版本图书馆 CIP 数据核字（2019）第 093452 号

理想的居所——建筑大师与他们的自宅

编　　著：贾冬婷　黑麦
出版发行：中信出版集团股份有限公司
　　　　　（北京市朝阳区惠新东街甲 4 号富盛大厦 2 座　邮编　100029）
承 印 者：北京盛通印刷股份有限公司

开　　本：880mm×1230mm　1/32　　印　　张：8　　　字　　数：175 千字
版　　次：2019 年 7 月第 1 版　　　　印　　次：2019 年 9 月第 2 次印刷
广告经营许可证：京朝工商广字第 8087 号
书　　号：ISBN 978 - 7 - 5217 - 0595 - 9
定　　价：68.00 元

目　录

第二部分

自宅与自在——抚慰存在之所 105

第三部分

自宅与自然——沟通人与天地 171

打造有情感的房子 ①

"住宅是居住的机器。"这是现代建筑旗手勒·柯布西耶的宣言。在他所在的 20 世纪上半叶,主流建筑思想信奉"时代精神"这个词,这是说,每一个不同的时代都有它独特的精神,应该剪断历史和地域的脐带。

1941 年,希格弗莱德·吉迪恩(Sigfried Giedion)写成《空间·时间·建筑》一书,被推崇为现代建筑"圣经"。由此催生的现代建筑的一大表现就是"国际风格"——洁白的、均一的、像是用机器制造出来的方盒子。

法国哲学家保罗·利科(Paul Ricoeur)曾批评这种普世文明说:

① 本文作者为贾冬婷。

普世化现象虽然是人类的一种进步，但同时也构成一种微妙的破坏，这种单一的世界文明将对形成我们过去伟大文明的文化源泉产生一种侵蚀和磨损。我们在世界各地都能看到同一部蹩脚电影，同样的吃角子老虎，同样的塑料或铝质灾难，同样的被宣传所扭曲的语言……看来似乎人类在成批地趋向一种基本的消费者文化时，也成批地被阻挡在一个低级水平上……事实是，每个文化都不能抵御和拒绝现代文明的冲击。这也是悖论所在：如何既成为现代的又回归传统；如何既复兴一个古老的文明，又参与普世的文明。

具体到居住上，"二战"后，建筑师们也开始了对现代主义的反思，这样机器式的盒子，究竟适不适合作为人体的居所？按海德格尔①的说法更进一步，人类的居住本来应该是富有诗意的事，而这样的居住一点也不诗意。

今天再看时间、空间与建筑的联结，必须要把"人"当作核心才有可能。时间与人的生命结合就是历史，空间与人的生命结合就是地域。所以历史主义与地域主义都是思考建筑不可缺少的内涵。参考建筑理论家班尼斯特·弗莱彻绘制的建筑树，世界各地共生的树根下，有着能滋养建筑的六种不同养分：地理、地质、气候、宗教、社会、历史。

这也是为什么当我们走进一个四合院中，会有好像回到母体中那种温暖和亲切感觉的原因。我们所怀念的不仅是四合院的建筑实体、古

---

① 马丁·海德格尔（1889—1976），德国哲学家，20世纪存在主义哲学的创始人和主要代表之一，著有《存在与时间》《什么是形而上学》《林中路》等。——编者注

老的材质与构造，也是其中的家庭氛围与传统的人际关系。从这个角度看，房屋终究不是居住的机器。现代建筑实现了集合住宅大发展时代为普通人盖房子的任务，但没有满足人们的情感需求。正如墨西哥建筑师路易斯·巴拉干（Luis Barragan）在获得普利兹克奖后的感慨："现代建筑已然放弃了美丽、灵感、平和、宁静、私密、惊异等主要来自情感的语汇。"

当回忆起奶奶家多年前的老房子时，我几乎还能感到手里握着一个磨得发亮的门把手，小小的我踮起脚尖才能够到它弧面的下沿。对我来说，那个门把手好像一个特别的入口标牌，让我进入一个不同心境和气味的世界。我记得脚下的水磨石地面，细碎的黄绿色小石子紧紧凑在一起，当穿过黑暗的走廊和厅堂进入卧室——这座房子里唯一真正明亮的房间时，我能听到厚重的前门在我背后关上的声音。只有在这个房间里，花朵装饰的石膏吊顶才不曾隐没在朦胧的光线中，尤其是上午，刺眼的阳光从镶着菱形木条的玻璃窗里倾泻进来，地面上的水磨石闪着微光，结实而坚硬。

握着门把手打开屋门，是一个几家人共用的院子。跑向院子时要特别小心，因为屋门口有三级台阶。有一次跑得急，我的额头正好撞到一级台阶的角上，缝了好几针，以至于现在我头发的中分线还在这个缝针处绕了个弯。我记得院子里的青砖地面，我和小伙伴们热衷于在那些开裂的砖缝里看蚂蚁搬家，或者看它们被一个小水滴困在原地挣扎。院子里种了一棵石榴树，夏天开着火焰般的红花，秋天结着沉甸甸的石榴，等石榴裂开了缝，就是我们大快朵颐的时候了。

如今，这个房子早已连同周边的一片平房区消失了。当我回想起它时，那些关于它的格局、面积、风格等统统都退居次要了，只剩下一种时光流逝的印象，一些被房屋吸纳进去的生活痕迹。如苏格拉底所言，一幢令你的心灵游动其中的房子，是几乎不可能被建造的。"那里融汇了回忆、预感、悔恨、猜测、确认等无数的感觉，这些感觉不断灼烧着你，使你感受着它的存在，其变化如火焰，使你捉摸不透。"

从情感的向度来看，住宅无疑是居住单位中最好的诠释样本。人类把自己和住宅视为一体，从某种观点上住宅可以看作身体的扩大。心理学家荣格也把住宅与人体对照，他把窗户比作人的眼睛，塔比作人的耳朵，壁炉比作人的胃。而在希区柯克的电影《惊魂记》中，主角诺曼·贝茨会变成多重人格，也是因为住在死去的母亲的家的结果。

情感或许是个空泛的词。但是，对于将人与时间、空间相联结的建筑师来说，居住其中的情感需求并不空泛，除了视觉之外，还会落实到人的听觉、触觉、嗅觉、味觉。瑞士建筑师彼得·卒姆托（Peter Zumthor）曾说："我一直提醒自己，把我的建筑物当作人的身体来建造，当作骨架和表皮、体块和膈膜，还有丝绸、天鹅绒、贝壳等衣饰。"

彼得·卒姆托尝试弄清材质之间的相互和谐，以唤醒触觉：取一定量的橡木，加一些赛茵那石，再添加一些木头，一个旋转把手，一块磨砂玻璃表面，以便每一次材质混合都能产生独一无二的新颖素材；他倾听空间的声响，倾听材质及表面是怎样回应触碰和叩打的，同时也倾听寂静，因为它是听觉的前提；房间中的温度也很重要：怎样阴凉，怎样清爽，怎样用温暖抚慰身体；他想要创造不同程度的私密感、亲近感和

瑞士建筑师彼得·卒姆托

距离感，这一愿望推动他去寻找恰当的尺度，去关注入口、过渡和边界；他喜欢把或光洁或粗糙的各种材质都置于阳光之下，形成暗面和亮面，直到一切都恰到好处。

第一部分

家与自我——
充盈着人的情感

情感的胜利：

建筑师与家人的房子 ①

建筑的核心是感性还是理性，或者说是艺术还是技术，一直是个纠缠不清的问题。摒除业主意见和资金条件，以及容积率、楼间距、层高、方位等一系列规章之后，建筑师还能在设计中加入多少感性因素，确实值得怀疑。但如果是建造自己的家，就像作家写作私人小说或自传一样，可以随心所欲。20世纪以来，建筑师的自宅，还有他们为亲朋好友设计建造的住宅，不仅是重要的风格宣言，更是蕴含特殊感情的房子。

① 本文作者为贾冬婷。

没有建筑师的建筑

说起居住的丰富性，我不禁想起探访福建南部"土楼"的经历。从永定县城开车大约两个小时，青山绿水间，猛然冒出若干巨大的圆形建筑，顶着黑黢黢的蘑菇状屋顶，就是客家人家族聚居的土楼了。超现实的造型，难怪曾被从卫星上看到的美国人怀疑是 UFO（不明飞行物）。

踏入土楼，从最高层俯瞰屋檐围合出的圆形空间，俨然一幅八卦图——"太极生两仪，两仪生四象，四象生八卦"。祖堂为圆心，供奉着祖宗牌位，也是家族共商大事的场所。圆心向外是四个同心圆，环环相套，渐次升高，犹如罗马大角斗场：第一圈由两个半圆形天井围合；第二圈高一层，是旧时的书房；第三圈高两层，为客房；最外面的第四圈是住房，高四层，又分八卦，每卦八间，共 64 户，而且每一户都大小均等、外观相似。

正如空间形态上遵循八卦图设计，家族中的每一支、每一户、每个人也被严格安排在固定的位置上。内部的功能分配简单扼要，一层是厨房兼餐厅，二层用作谷仓，三、四层是卧室。土楼的空间架构看似自然而然，其实，它是当地人长年累月智慧与巧思的结晶。营造土楼的生土和木材就地选取，高墙和小窗利于地处边远的客家人对外防御，而内部层层叠叠的向心围合又适应了其独具一格的大家族制度。

1964 年，纽约现代艺术博物馆（MoMA）曾举办"没有建筑师的建筑"展，策展人伯纳德·鲁道夫斯基（Bernard Rudofsky）展示了一些被自"帕提农神庙"开启的西方主流英雄式建筑史所遮蔽的风土聚落，和

福建土楼的向心围合
适应了客家人独具一
格的大家族制度

客家人的土楼一样，都是由具有共同文化传统的人们根据群体经验，自发地并且持续创造而成的。以现代价值观来看，这些前现代住宅是无意识的、非理性的，却让人从中感受到居住者蓬勃的生气，对居住的强烈渴望所产生的力量，以及现代居住环境中所没有的质朴内涵。

鲁道夫斯基把这些没有经过正规训练的建造者们的设计哲学和实践知识看作发掘已陷入混乱城市重围之中的工业时代人类灵感的源泉。他认为，由此衍生的建筑智慧超越了经济和美学方面的思考，触及了更加艰难并且日益令人烦恼的课题——人类如何生存并且如何继续生存下去。

有趣的是，这些"没有建筑师的建筑"日益被建筑师们关注。比如2008年都市实践事务所就在广东南海为万科设计建造了一座"土楼公舍"，参照土楼形态，在圆形的弧线上划分出一个个居住单元，试图解决低收入人群在都市边缘居住时的私人居住和公共交流的矛盾问题。

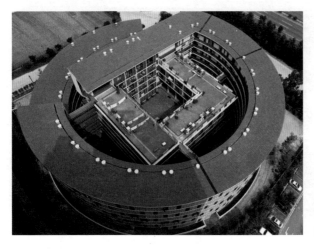

2008 年万科集团在广东南海建造的"土楼公舍"尝试解决低收入人群在都市边缘的居住问题

北京大学建筑与景观设计学院副院长王昀也致力于聚落研究，他在摩洛哥的聚落调查中发现，这里的建筑墙的厚度大都维持在 45 厘米左右，难道每个房子在建造之初都经过力学的计算？原来，当地居民在确定建筑各个部分的尺度时，是依照人身体的相关部位的尺度而设定的，比如墙的厚度是依人肘臂的长度，窗框的宽度是四个手指并拢时的宽度，房间的高度是人直立时高举起手的高度。这样一来，人体的尺度和比例不自觉地移植和隐藏到了住宅当中。

住宅起源于人类最根本的欲望，原本是生活与土地密切相关的人们使用当地材料、依据自己的生活方式亲手打造的，必然会忠实地呈现当地聚居者的风土民情，呈现出丰富多样的面貌。比如泰国曼谷河川旁的水上人家、马来西亚沙捞越岛屿上家族聚居的长屋、非洲西部的红土屋、以游牧为生的蒙古人居住的移动式蒙古包，还有希腊圣托里尼岛上沿陡坡铺就的石灰岩房屋，等等。

希腊圣托里尼岛的房屋建筑是风土聚落的代表

　　是什么让原本扎根于区域风土特性的住宅，变成现在这样单一化的居住环境？日本著名建筑师安藤忠雄认为，这正起因于 17 世纪在西欧诞生的、名为"现代"的理念。现代住宅几乎都是在以合理性、机能性为第一要务的前提下建造完成的。得益于技术的进步、社会制度的发达，现代住宅的便利与舒适，是前现代住宅所无法比拟的。然而，也正因为大家都想追求相同的舒适度，结果却造成全世界无区域差异、单一化的居住环境。

柯布西耶与现代住宅：为了居住的机器？

　　印象派画家莫奈曾在 1903 年绘制了名作《伦敦国会大厦》，画面上笼罩在城市上空的美妙紫色雾气让人沉迷。但现在想来，它们或许不是雾气，而是工业时代机器生产导致的雾霾。被工业文明聚集在城市里的新兴工人阶层成为主角，他们的住宅问题亟待解决。由于机械的诞生，人们对住宅的需求，变成了追求一个作为寝食场所能够高效运作的空间，由此诞生了独立专用住宅。过去着眼于建造帕特农神庙那种英雄建筑和贵族府邸的建筑师，也开始转向为多数人建造普通住宅。

这是建筑观念的一场革命，而勒·柯布西耶（Le Corbusier）被公认为这场现代建筑革命的种子和主角。他在 20 世纪初所进行的一系列住宅设计探索，最能够代表现代主义建筑师们在理想与现实之间纠缠的轨迹。柯布西耶在《走向新建筑》的第二版序言里指出：

> 建筑应该是时代的镜子。现代的建筑关心住宅——为普通而平常的人使用的普通而平常的住宅。它任凭宫殿倒塌。这是时代的标志。为普通人、所有人研究住宅，这就是恢复人道的基础。人的尺度、需要的标准、功能的标准、情感的标准，这是一个高尚的时代，人们抛弃了豪华壮丽。

他号召建筑美学要向机器美学学习：

> 住宅不再笨重得像要使用多少个世纪，并且被阔人们用来炫耀财富；它将是一个工具，就像汽车是一个工具一样。住宅将不再是一件古董，以深深的基础重重地扎根在土地里，造得坚固，并且为它而建立了家庭崇拜和种族崇拜，等等。如果我们从感情和思想中

法国建筑师勒·柯布西耶被称为
"现代建筑的旗手"

清楚了关于住宅的固定观念，如果我们批判地和客观地看这个问题，我们就会认识到，住宅是工具，人人住得起的大批生产的住宅比古老的住宅要健康并且合乎道德不知多少倍，并且，从陪伴我们一生的劳动工具的美学来看是美丽的。

柯布西耶还不无诙谐地以"住宅规划——厨房妇女的腿"为题，表示他对普通妇女生活的关心："新住宅的主妇们，不再拥有贵族的大量奴仆，她们不但需要参与机器生产，还需要亲自下厨，贵族府邸巨大的地下厨房会让她们的腿跑肿。"为此，柯布西耶希望使用机器来解放妇女的腿，他以飞机驾驶舱为例——借助机器的精确控制，飞行员在狭小的驾驶舱里不用起身就能操作高难度的飞行动作，柯布西耶因此认为，借助新的烤箱、冰柜等厨房机器，妇女们也能在不费腿力的坐姿中，轻松地完成原本繁复的家务工作。他甚至宣称，设计大于 4 平方米的厨房，就是对妇女的犯罪。

"住宅是居住的机器。"柯布西耶这句名言，一针见血地指出了现代建筑的本质。基于向工业学习的理念，柯布西耶致力于推广钢筋混凝土技术的柱版系统。钢筋、水泥、玻璃等现代建材及其建构方式的发展，是现代建筑的先决条件。这些现代建材最创新的地方在于，过去西方建筑一直采用以石头的抗压承重性为基础的叠砌形式，现在可以把建筑分成骨架和皮膜，由钢筋混凝土架构来支撑，墙壁完全从结构中分离出来，仅用于划分空间。柯布西耶也由这套建筑新架构总结出"新建筑五点"：底层架空、屋顶花园、自由平面、水平长窗、自由立面。

1923 年，柯布西耶堪称"近代建筑宣言"的《走向新建筑》一书出

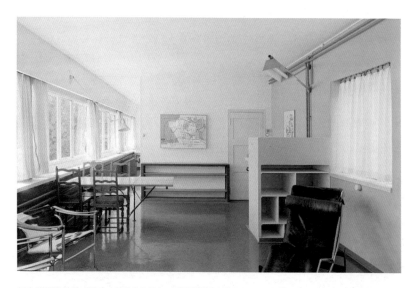

柯布西耶设计的"母亲之家"（内部），是他送给母亲的礼物

版，与此同时，他在瑞士雷曼湖畔给热爱大自然的父亲和喜欢音乐的母亲建造的房屋也动工了。他对这里倾注了特殊的情感："这个小小的家，是为了经过长年劳作的我的父母亲，为了他们安享晚年的每一天而设计建造的。"

不幸的是，住宅建好第二年，他的父亲就去世了，它实际上成为母亲的家，她一直在这里住了 36 年。母亲之家是柯布西耶送出的礼物，也被他视作一个小小的居住机器。他将住宅的功能面积最小化，然后将其组合成为一个整体加以灵活运用。为追求整体性，这座房子采用了白色装饰外表面，形成了一个细长的白盒子效果。房子内部并不大，是一个长 17 米、宽 4 米的矩形，建筑面积只有 60 平方米左右。

柯布西耶设计的"母亲之家"（外部）

在面向雷曼湖的那面墙上，柯布西耶开出一个长 11 米的标志性水平长窗，将雷曼湖和远处阿尔卑斯山脉景色收入视野。东面一侧还有倾斜的天窗，迎接初升的太阳。与其说是将这栋房子向自然开放，还不如说，房屋整体将风景截切了。房子虽小，但是院子够大，像湖畔的一艘船。为了将风景尽收眼底，他在院子南面的围墙上也开出一个观景方窗。因为母亲爱狗，柯布西耶还专门在院墙上为狗留有一个眺望窗。

关于工业时代建筑语汇的寻找，另一位现代建筑大师密斯·凡·德罗（Mies van der Rohe）在某种程度上比柯布西耶更为激进。他不满足于建造住宅的构件或材料的标准化，而是试图寻找到住宅可标准化的空间特

现代建筑大师密斯·凡·德罗

密斯的极简主义代表作——吐根哈特住宅

征。密斯提出现代住宅追求合理性、普遍性的终极目标，并进一步推演为"普遍空间"（Universal Space）理论，顾名思义，普遍空间具有能够对应各种机能的均质性，里面充满了均衡的光线、均质的空气。

自 20 世纪 30 年代开始，密斯就在一系列住宅里实验这个理念，1950 年终于在范斯沃斯住宅上开花结果。这个住宅就如同密斯本人信奉的"少即是多"一样，被简化为八根钢柱支撑的两块板——一块为地板，一块为水平屋面板。在这两块板之间，敞开大约三分之一部分用作门廊，被透明玻璃围合的透明部分，则是范斯沃斯医生的住宅。除了一个包含厨卫的盒子偏心布置以外，其余的空间浑然一体，理论上能被灵活隔断成各种空间，它们的功能仅被密斯设计的家具有所暗示，除此之外，空无一物。房屋映照在周围浓密的树林当中，如晶体般晶莹剔透。

现代建筑以崭新的形式奠定其地位，标志性事件是 1932 年在纽约现代艺术博物馆（MoMA）展出的"现代建筑：国际展览会"，评论者们不约而同地使用"国际主义风格"来颂扬新的建筑形式。直到 20 世纪 60 年代，这种风格持续支配着建筑和城市。

耐人寻味的是，就在现代建筑取得席卷性胜利的 1933 年左右，柯布西耶开始丧失了对机器时代必然胜利的信心，并且开始反对"居住机器"的合理化生产，其后的住宅设计也转向乡土风格。罗伯特·费希曼（Robert Fishman）认为，柯布西耶的社会观念和建筑观念都建立在工业社会具有的一种内在力量、一种能产生真正令人欢乐的秩序的信念之上。然而，在这一信念的背后，他却担心文明会被歪曲，并被失去控制的工业化毁灭。

1945 年，柯布西耶更宣称："现代建筑漫长的革命已经结束了。"一个原因或许是，他亲眼看到自己送到世人面前的现代建筑，从 20 世纪 20 年代开始向全世界传播的过程中凝聚了巨大的复制力量，以致在现实中反而失去了原本的光辉，堕落为无趣的方盒子，它们也成为现代城市空间僵化、贫乏的一大元凶。

柯布西耶在母亲 91 岁生日时，给仍住在他多年前设计的湖畔住宅里的母亲画了一幅素描作为礼物，同时配上一首诗："我的母亲涵盖了这里的太阳、那边的月亮、远处的高山、近旁的湖泊，以及这个房子。"将母亲的形象与房子、自然重叠在一起，这在这位现代建筑旗手构思"为了居住的机器"的初期简直是不可想象的。

而这位掀起了现代建筑革命的大师，晚年的自宅只是一幢地中海海边幽僻的传统小木屋。小木屋里陈设简朴，除了隐含的模数控制外，几乎没有任何现代建筑的造型特征，更像是清教徒的沉思所。1965 年的一个夏日，柯布西耶在小木屋附近游泳时意外死亡，如愿以偿地在蔚蓝的大海中自由归去。

反思现代性：历史、地域与人

正是 1964 年 MoMA 那次"没有建筑师的建筑"展，率先对当时主流的国际主义风格提出异议，并对现代主义的"普遍空间"产生疑问：这样的单一化住宅，究竟适不适合作为人体的甚至精神的居所？

北京大学建筑研究中心副教授董豫赣说，现代建筑的首宗罪恶，被描述为对时间历史向度的割裂，其时间被割裂的过程可以描述为：现代性－历史性＝现代化。由此，现代建筑的形式既不应是昨天的形式——拒绝了历史，也不该是明天的形式——拒绝了未来，只有今天的形式才是答案。问题是，以割裂时间脉络的代价来担保现代建筑特殊的时代性，掩盖了希腊、罗马、中世纪教堂建筑时代次第的延续性，也使得现代建筑丧失了它在历史进程中的演化能力。

时间成为后现代建筑批判现代建筑时的靶心。罗伯特·文丘里（Robert Venturi）在 1966 年发表了后现代主义建筑的代表作《建筑的复杂性与矛盾性》，表明对城市经验中矛盾与复杂的欢迎态度，以此与柯布西耶要求在单栋建筑甚至整个城市中体现纯粹与单一相对。而针对密斯著名的"少即是多"（Less is more）这一极少主义格言，他只修改了一个字母，嘲讽式地宣称"少即乏味"（Less is bore）。

为了展示如何"非传统地运用传统"，文丘里于 1962 年在费城郊区为其母亲建造的住宅里进行了一系列实验。文丘里形容他的母亲之家"既复杂又简单，既开敞又封闭，既大又小；某些构件在这一层次上是好的，在另一层次上则是不好的"。

首先是内部与外部的矛盾。在这个微不足道的小房子的外立面，他夸张性地用了古典式的对称山墙。山墙的正中央留有阴影缺口，似乎将建筑分为两半，而入口门洞上方的装饰弧线又似乎有意将左右两部分连为整体，成为互相矛盾的处理手法。内部看似反映了外部的对称布局，但又根据现代生活需要加以调整，如右边的厨房，不同于左边的卧室。核心筒的调整方法则更为极端，楼梯与烟囱这两个垂直构件在争夺中心，解决的方法是互相让步，烟囱微微偏向一侧，楼梯则是遇到烟囱后变狭，形成折中的方案。既大又小是指入口空间，门洞开口很大，凹廊进深很小。既开敞又封闭，则是指二层后侧开敞的半圆落地窗与高大的女儿墙。

可以说，文丘里的母亲之家就是他复杂性与矛盾性建筑观的写照，充分表明了后现代主义企图重新找回在现代主义建筑过程中被遗忘的历史性与地域性的意图，尽管表面上像是为对抗现代主义所搭建的概念布景。

现代建筑的另一宗罪，是割裂了地域性。董豫赣表述为：国际性－地域性＝现代化。他认为，在建筑理论家班尼斯特·弗莱彻绘制的世界各地共生的建筑树下，有着能滋养建筑的六种不同养分：地理、地质、气候、宗教、社会、历史。而柯布西耶将现代建筑与汽车、轮船、飞机这类机器进行广泛类比，最终宣称了现代建筑的无地域性。这类能动的机器，以其拔根性的技术特征，畅通无阻地驶向世界各地，而不必与特定地域发生扎根的形式关系。到20世纪60年代，面对现代主义所带来的单一、均质的生活环境，建筑师们开始强烈感受到与普遍性相对的地域性的意义。

20世纪重视建筑地域性的起源，当推弗兰克·劳埃德·赖特（Frank Lloyd Wright）。比柯布西耶、密斯等现代建筑风云人物还大上一辈的赖特，身处远离现代建筑中心的美国，自认是美国草原文化的产物，倡导原生性的"有机建筑"。表面上看，"有机"与"现代"两者都是功能主义的，但是赖特认定"形式追随功能"只是较低层次的自然形式，他建议以"形式与功能合一"的有机形式来提升这一口号的精神价值。他强调把建筑看作一个有机体，让其有自地面上长出来的感觉，同时匍匐在地面上，与大地共生。

基于此，赖特设计了一系列以水平出挑的低矮大屋顶为特征的"草原风格"住宅。他解释说，把建筑的层高降低，是为了适应一个普通人的感受，"依据人的尺度，我尽量把建筑的体量向水平方向延伸，强调宽敞的空间感受。曾有人说：假如我再长高三英寸①的话，我设计的住宅将会是截然不同的比例。这也未可知"。而标志性的大屋檐，则是基于中西部草原的气候设计的。那里的居住环境在酷热与严寒、潮湿与干燥、昏暗与明亮之间交替，出挑的屋檐可以为建筑提供保护和遮蔽。

---

① 1英寸约为2.54厘米。——编者注

赖特独创了一系列草原风格住宅,以"流水别墅"为代表

　　赖特的有机建筑观还衍生出对材料的特殊要求。他的有机思想来源于生命科学,所要求的材料也产生于大自然。在他的成熟期建筑中,用得最多的是石头与木头,还有用泥土烧成的砖头。比如赖特在亚利桑那沙漠地带建立的自宅西塔里埃森,就使用了大石块,以与周围地景结合。走进大石块砌筑的室内,仿佛进入原始时代的洞穴。他还让室内已作为

装饰之用的中心壁炉重新燃起来，让火的光热、木的香味重新回到真实的生活中，从而使家的精神价值再次得以彰显。

与之相对，更早建于威斯康星州的东塔里埃森，则对应周围环境，呈现为田园牧歌式的。东西两个塔里埃森是赖特的自宅、工作室、学校，甚至可以说是他打造的乌托邦。尽管两地相距 2 000 公里之遥，但是赖特每年都率领弟子们来回迁徙，4 月到 11 月待在东塔里埃森，12 月到来年 3 月则在西塔里埃森。在赖特生前，改造塔里埃森的铁锤声一直没有中断过，但至今它还被人持续延用，是最能实践赖特与自然共生思想的建筑。

与赖特的有机主义相呼应，其他地域的一些代表建筑师也在探索技术与风土共生的途径。建筑评论家肯尼斯·弗兰姆普敦（Kenneth Frampton）定义了一种"开放的地域性"，即将现代技术当作特定地域建筑的开放性补充，同时检讨现代建筑的技术化倾向对人性与身体感官的漠视。

在这一路径上做出最早也是最持久努力的是芬兰建筑师阿尔瓦·阿尔托（Alvar Aalto）。他在 1935 年的《理性主义和人》一文里表明了对代建筑有选择继承的态度："在光谱末端，存在着纯粹的人性问题。"他对于技术与人性间的微妙关系保持着一种理性态度："不是要反对理性主义倾向，而是要将理性的方法，从技术领域转向人文和心理学领域。"

阿尔托的家乡芬兰是一个同时由森林与城市、树木与石头、宁静与噪音构成的具有双重性的国家，芬兰"自然城市"的浪漫主义也自然而然体现在阿尔托的建筑设计里。芬兰语中阿尔托（Aalto）就是"波浪"

的意思，巧合的是，波浪形自由曲线的空间手法也是阿尔托的一大标志。乍看之下不规则的形态，其实是源于把气候与地形等条件纳入工业合理性的设计。

着眼于芬兰大量的木材资源，阿尔托创造出弯曲胶合板家具和建筑，将传统材料带入现代建筑，同时作为一种依靠直觉、更具批判性的设计途径，比通常的线性逻辑更能折射环境。在他经典的梅丽娅别墅设计中，就采用了清水砖墙、抹灰墙与木板壁的混合，而更重要的是，将本土材料处理成能与人体发生知觉关联。在梅丽娅住宅里，阿尔托在钢柱伸手可及的地方绑扎自然材料，并仔细处理门把手的材料与形状以匹配手感。而地面处理的细节更是精妙，从壁炉到起居室的琴房，地面材料从地砖到木地板再变为粗糙的铺路石，不但关注着行走者脚掌与地面接触的微妙变化，还对倾听者提示着由远及近的脚步声变化。

同样是基于人的情感，墨西哥建筑师路易斯·巴拉干也寻求一种感官的、附着于土地的建筑，一种间接参照墨西哥农庄的建筑。比如他在代表性的自宅设计中，为了确保不同空间的私密性，大量使用墙体以给室内带来幽暗的氛围。在楼梯间等高光处，他用悬挂在墙体上的金箔营造出金色弥漫的光线。而对被庇护的庭院植物，巴拉干则并不拒绝使用整墙的大玻璃，而且让视线沿着墙壁与地面滑向室外花园的林木花卉，仅剩的中央十字窗框则如同对自然的礼拜。与阿尔托一样，巴拉干将现代建筑要为普通人盖房子的使命，提升到建造让普通人身体能够感知到的房子。

向东方学习：从空间到自然

在赖特西塔里埃森混凝土墙的中心壁龛里，一块铜牌上刻着一些英文，意思是"建筑的意义不是屋顶和墙，而是人们生活于其中的空间"，取自老子《道德经》中的"凿户牖以为室，当其无，有室之用"。这种道家"无"的哲学，启发现代建筑师以空间为建筑的主题，然后再推演为建筑的形式。这也成为自然主义信徒赖特的建筑哲学，他自认向东方学习了很多。

老子的自然哲学，在建筑上如何体现？台湾建筑师汉宝德认为，可以分为两方面去解释：一是在感官上要亲近的自然，是道家思想推演到生活的结果；二是在理性上所顺从的自然，是心性修养的原则。前者在建筑上是一种环境观，后者在建筑上是一种功能观。

而在现代建筑的理念中，这两者都是很重要的。一方面，拜钢骨和玻璃所赐，现代建筑打开了以防御性和安全性为主要考虑的封闭性住宅的大门，变得开始亲近自然。另一方面，顺从自然其实就是现代建筑的合理主义精神，演化为功能主义，是一种空间有效利用的观念。因此，东方的空间思想，在逻辑上与现代建筑有相通之处。

反映在空间上，东方思想也早就与现代建筑开始了抽象对话，特别体现在密斯的玻璃盒子设计上。汉宝德说，现代建筑是以柱梁系统取代了过去的承重墙。这一点对中国传统建筑来说并不新鲜，因为我们自古就采用"墙倒屋不塌"的柱梁结构，只是使用的是木材，梁上多了装饰性的桁架而已。另外古人房间内部的分隔是按柱分间的，而现代室内则自由地按功能区隔空间。有了柱梁之后，用墙壁与玻璃围合空间，这与中国建筑也相同。

传统中国建筑并没有玻璃，但在正面使用落地门，使用格子窗花贴纸采光。所以在现代住宅设计中，起居室对外的落地玻璃窗有中式传统落地门的感觉。更有趣的是密斯的院落住宅，把住宅建立在有围墙的院落内，以使室内外联结。这与西方传统的堡垒型建筑、开放式院落不同，这是密斯为了密集城市住宅的私密性而借鉴的地中海住宅手法，而恰好也是中国传统住宅的一大特点。

汉宝德认为，在中国，老子的自然是道，这样的观念就是回到原始简朴的生活方式，所以"竹篱茅舍"就成为有高度精神价值的建筑观。而在建筑上把"竹篱茅舍"这种仅以蔽身的粗陋居所，转变为高雅的文士住所，需要一个重大观念的改变，即素朴的精致化。而中国缺少了把素朴的建筑精致化的精神力量，明朝以后，在建筑上就与日本分道扬镳了。其结果是产生了一种文化上非常特殊的造物——中国式庭园，而把精致的素朴生活拱手让给了日本。而自然文化在日本则借由宗教的感染力广为流传，终于成为生活文化的主流，这种精神通过茶道之类的生活仪式传递到居住建筑之中。

日本建筑师前川国男在 1965 年《对建筑艺术中文明的一些感想》一文里阐述了以东方文化弥补西方技术的自觉："现代建筑是而且也应当是建立在现代科学技术及工程学的坚实基础上的。然而，为何它却往往会显出某种非人性的倾向呢？我认为，一种可能是因为它并不总是为了满足人的需要而被创造的，相反，确实为了一些别的理由，例如是为了利润等。另一种可能是在科学技术及工程学内部也包含了某些非人性因素。当人们企图理解某一现象时，科学就对它进行分析，把它肢解为几个尽可能简单化的要素。例如，在结构工程学中，当人们试图理解某一现象时，就采用简单化和抽象化的方法。问题是，这种方法的使用是否会导致脱离人类现实……我们必须回溯到西方文明的起源，从而探求能产生伦理革命的力量是否存在于西方文明的宝库中。否则，我们就和汤因比[①]一样，要在东方或日本的文明中去寻找它。"

弗兰姆普敦认为，通过这种悖论式的提议，即传统的东方文化在本质上有可能作为一种弥补西方技术专政的力量而生存下去的观点，国际风格的时代不仅在日本，而且在世界其他地方走向决定性的终结。

自 20 世纪 60 年代开始，日本开启了对现代建筑的本土改造，日本现代建筑走上国际舞台。而自 20 世纪 80 年代后期开始，从丹下健三开始，到桢文彦、安藤忠雄、妹岛和世与西泽立卫、伊东丰雄，再到最近的坂茂，日本建筑师获得了普利兹克奖的群体性肯定，也奠定了日本当代建筑的超然地位。

在这一群体中，隈研吾清晰表明了自己对西方建筑的反叛姿态。在他看来，处于与自然精神分裂中的西方建筑的造型，常常表现为战胜自然的倨傲姿态——以萨伏依别墅为例，柯布西耶用底层架空的造型，宣布将建筑从有害的自然中拯救出来。与此相反，隈研吾将他的建筑看作被自然打败的"负建筑"。他特别强调"负建筑"里的"负"，乃是胜负

① 阿诺德·约瑟夫·汤因比（1889—1975），英国著名历史学家，其著作《历史研究》一书被誉为"现代学者最伟大的成就"。——编者注

的"负"。而作为对西方建筑墙壁型垂直造型的反思，隈研吾确立了一种反造型，以日本传统建筑"地板型"的水平意象来弱化垂直形态。

而安藤忠雄的设计，尽管也对现代都市环境不满，也不同于柯布西耶底层架空的对抗意识，而是借鉴了传统庭院建筑的方式，以外观封闭而向内庭开敞的姿态，将建筑从日常都市的繁杂中切割出来。安藤忠雄的另一种切割则是从材料上着手，在1972年建造的住吉长屋中，他一改现代建筑常用的大玻璃表面的开放性，采用了厚重的混凝土。对他来说，混凝土是使"阳光创造表面"的最适宜材料，"在这里，墙变为抽象的、被否定的、接近于空间的最终极限。它们的现实性消失了，只有它们所包围的空间才是现实的"。

1999年，弗兰姆普敦在评论中国的当代建筑时，引用了奥地利建筑师雷纳（Roland Rainer）1973年来中国后对中国居住的赞美："此时此刻，我们会发现有意义的是，在三四千年中竟有几亿人一直在一个相对小的面积里过着有修养的生活——他们的世界不是用机器而是用花园构筑的。"弗兰姆普敦的赞美指向了传统建筑，被认为是对中国现当代建筑的隐晦批评。

不过，近年来也有一批中国建筑师试图回到古典造园中的城市与山林关系，寻求传统与现代对话的可能性。马清运为自己的父亲在老家蓝田玉山镇建造的"父亲宅"玉山石柴就是一个典型实验。蓝田拥有蓝田猿人的遗迹，而玉山又是唐代大诗人王维自己建造"辋川别业"的地方。"父亲宅"于1999年开始建造，作为中国少数几个具有国际知名度的建筑师，马清运一直坚持用传统去颠覆传统，在他眼里传统只是为自己留下了一个最可能去突破的界限而已。如马清运自己所说："父母是最接近自己的生物体了，所以玉山石柴的建造是完全自发的、自我控制的一个过程，是一种危险性很高的愉悦。在这个过程中，可以用来隐藏个人对风格及形式的沉迷，无端产生马后炮理论直至说教的裂缝被揭开曝

建筑师马清运在西安蓝田玉山镇建造的"父亲宅"（玉山石柴）（上、下）

光。从此，建筑的问题被简化到费用、产权、施工能力、材料来源和生活状态这些问题上来，建筑师的所有努力及智慧被这些基本问题所提审和检验。"

蓝田玉山和秦岭山脉作为"父亲宅"的背景，形成了整个区域内巨大的景观变化，从陡峭的山峰到和缓的坡地、河谷，甚至延伸到一个资源丰富的中部平原。"父亲宅"坐落在河与山之间一个有着多重含义的地理位置，山间出产粗糙的石头，年复一年被河水从山体间冲刷下来，形成光滑的表面，也提供了丰富的建筑材料。整个设计也是以将石头质地和建造方法之间的作用发挥到最大化为原则，由此呈现出一座在粗糙与光滑的密度间、淳朴与现代的格调间游离的石头房子。马清运说："这些石头从山上被冲到我家门前的河里时，已经走了许多路。农民们懒，不肯克服地心引力多花一分力气，手搬着河里的石头能放到多高就是多高了，这里的建筑于是有了不同的等高线。"而圆石头和圆石头的质地也不尽一样，浸过水后颜色就更不同了，因此"父亲宅"在每场雨过后，墙上的石头都会变得五颜六色，很是好看。因为觉得这里和法国波尔多的景观相似，马清运还在房子附近种起了葡萄，建起了酒厂，以空间和产业的村庄改造作为献给自然和家乡的礼物。

回到父辈的乡土，或许正蕴含着保罗·里柯（Paul Ricoeur）所说的另一种可能性："我们处在一条隧道中，一头是古老文明教条主义的黄昏，另一头是参与普世文明对话的拂晓。"

罗伯特·文丘里：

母亲的简单房子 ①

在许多建筑史和专著里，罗伯特·文丘里被打上了"后现代主义"的标签。然而，文丘里是一个难以归类的建筑师，他从来不会只使用一种解决方法，"我只是在探索现代建筑"。文丘里的设计就像孩童绘画一样自在。他的夸张之处会让你想到巴洛克风格，但与之相比更为轻快，没有艰苦奋斗的痕迹，也没有"机构与功能两个极端相互争抢的极端痛苦"。

① 本文作者为何潇。

母亲的房子

1961 年，年轻的美国建筑师罗伯特·文丘里开始在宾夕法尼亚州的栗子山上建造住宅。这栋房子是为他的母亲建造的，设计始于 1959 年。建筑师的母亲说，房子的形式要相对简约，但不能像流行的现代建筑一样冰冷无情，与她的古董家具格格不入。文丘里听取了母亲的意见，5 年之后，一栋别具一格的房子在这里拔地而起。这是一栋无法用简短的语言说明白的建筑，从表面看，它像一幅儿童画作，应该出现在童话中或者迪士尼的电影之中。

房子充满现代风格，有着简单的线条和流利的斜面——然而，你也可以说它是古典的，因为，房屋的外墙由古典建筑的经典元素组成——只是，它们被放大了无数倍，成为一个巨大的戏谑符号。这栋夸张而充满隐喻的低矮建筑，令人瞩目地耸立在栗子山上，也伫立在现代建筑史之中——它像一个宣言，宣布了后现代主义建筑的滥觞。文森特·斯库利（Vincent Scully）称它是"20 世纪后半叶，最大的小建筑"。

人们在谈及文丘里的建筑思想时，经常会将柯布西耶拿出来一起谈论。这种比较，并非地位或成就方向的，而是，初看来，他们仿佛行进在两个方向。这种分歧，类似于文学批评中现代主义与后现代主义之间的争端。然而，在他们的最初阶段，文丘里与柯布西耶的境遇是相似的，他们都面临着传统与变革的冲突——前人要求建筑中的纯粹与统一，后人则要求在统一中制造矛盾。他们都能不受同代人和固定思潮的影响，直接感知历史，就像加缪说的："得以将时代和青少年的怒火撇在后面。"

文丘里为母亲文娜·文丘里建造的别墅，
位于费城附近的栗子山上

颇具意味的是，经常被视为"后现代主义开山人"的文丘里，十分推崇英国诗人 T. S. 艾略特的理论——在文学批评领域，艾略特的名字被看成"现代主义"的代名词。在专著中，文丘里引用了艾略特关于"传统与个人才能"的著名讨论："在英语写作中，我们难得谈到传统。然而，传统是一种更有广泛意义的东西。传统是继承不了的。如果你需要传统，你得花上巨大的劳动才能得到。传统牵涉历史感——这种历史感使得一个作家能够最敏锐地意识到他在时间中的位置。"文丘里认为，在建筑中，存在着相似的处境。

栗子山上文娜·文丘里的房子是文丘里最早的几个作品之一，浓缩了他的建筑思想。建筑师喜欢管它叫"母亲的房子"。房子在母亲文娜·文丘里的要求下建造，也在她的陪伴下设计完成。母亲塑造了他的个性，也挖掘了他的建筑天赋。

从许多方面看，文娜都不是一个普通的女人，有着与众不同的个性。她是一个女权主义者，热心社会活动，遵循素食主义，同时有着丰富的精神生活，热爱阅读时政、历史和传记类书籍。文娜出生在一个意大利移民家庭，家境不甚宽裕，在中学时代，她便从学校辍学，因为"家里穷得支付不起一件外套"。即使如此，她还是通过阅读将自己变成了一个"萧伯纳专家"——她的多数知识，都是通过自学完成的。直到 31 岁，文娜才与文丘里的父亲老罗伯特·文丘里结婚——在 20 世纪 20 年代，这种晚婚是十分罕见的。次年，罗伯特·文丘里出生，是这对夫妇的独子。

1959 年，老罗伯特·文丘里去世，留给妻儿一笔财产，让他们可以舒适地生活。文娜决定用它来建一座房子。作为一个年近70岁的老人，她要求所有活动都不用借助楼梯来完成。因此，在房子的第一层，几乎包含了所有的功能性房间：卧室、厨房、看护室和餐厅。她的建筑师儿子住在第二层，直到1967年，他与建筑师丹尼斯·布朗结婚才搬走——后者是文丘里终身的生活及事业伙伴。文娜在这栋房子里住了将近10年，直到1973年，她搬去疗养院，并将房子卖给了历史学者休斯。

文丘里与夫人丹尼斯·布朗，他们是生活与事业上的伙伴

建筑学的诗意解释

在"母亲的房子"建造的同时，文丘里着手写他的反现代主义之作：《建筑的复杂性与矛盾性》。这部建筑学理论出版后，获得了巨大反响，

被文森特·斯库利称为"继柯布西耶《走向新建筑》之后，建筑学最为重要的著作"。这样的描述或许有夸大之处，却也在某种程度上说明了此书的意义。书中的一些观点，产生了很大影响。文丘里主要的建筑思想，也在这本书里体现出来。

在开篇的《一篇温和的宣言》中，文丘里写道："我爱建筑的复杂和矛盾。我不爱杂乱无章、随心所欲、水平低劣的建筑，也不爱如画般过分讲究烦琐或称为"表现主义"的建筑。相反，我说的这一复杂和矛盾的建筑是以包括艺术固有经验的丰富而不定的现代经验为基础的。除建筑外，在任何领域中都承认复杂性和矛盾性的存在。如哥德尔对'极限不一致'的证明，艾略特对'困难'诗歌的分析以及约瑟夫·亚尔勃斯对绘画'自相矛盾'性质的定义等。"

文丘里热爱用现代诗学来解释建筑。在《建筑的复杂性与矛盾性》里，他引用了威廉·燕卜荪（William Empson）的《朦胧的七种类型》。在文丘里看来，与诗歌一样，在建筑中，也存在着模糊与不明。文丘里谈论"混乱的活力"，认为"丰富与暧昧"胜过"澄明与统一"。在《建筑的复杂性与矛盾性》中，文丘里写道："我认为意义的简明不如意义的丰富，功能既要含蓄也要明确。我喜欢'两者兼顾'胜过'非此即彼'，我喜欢黑白或灰而不喜欢非黑即白。一座出色的建筑应有多层含义和组合焦点：它的空间及建筑要素应既实用又有趣，正所谓'一箭双雕'。"

他将密斯的现代主义宣言"少即是多"（Less is more）改写为"少即乏味"（Less is bore）——这种戏谑与解构是文字上的，也是意识形态上的。

栗子山上的"母亲的房子"是一个经典的例子——用文丘里的话来说："这是一个承认了复杂性与矛盾性的建筑。"建筑师对于它的阐释，听起来也自相矛盾、暧昧不明："它既复杂又简单，既开敞又封闭，既大又小；某些构件在这一层次上是好的，在另一层次上则是不好的；它的法则是一般构件适合一般要求，偶然构件适应特殊要求。"

从许多方面看，这栋建筑都是"反现代主义的"。比如，它抛弃了现代主义常见的平顶，而选用了一个以烟囱为中心的倾斜的房顶；在它的正面，建造了用以装饰的山形墙，这与现代主义要求"摒弃一切装饰"的主张背道而驰。房子建在一块平坦而开敞的内部用地上，在其四周，是葱郁的树木，起到了篱笆的作用。建筑位于中央，像一座湖心岛一样孤独地站立着，它的周围没有树木。车轴线与房屋中部垂直，在遇到街道上的排水干线时，便随路边侧石偏向一边。

建筑的"既复杂又简单，既开敞又封闭"，体现在外墙的矛盾上。这边厢，房屋上部的平台延墙砌筑的女儿墙，强调了水平维护，与此同时，又表现出平台背面、烟囱和高窗部分的开敞；在另一边，墙在平面上的一致形状，突出的是僵硬的围护。"在复杂和矛盾的建筑中到处存在着不定和对立。建筑是形式又是实体，其意义来自内部特征和特定的背景。一个建筑要素可视为形式和结构、纹理和材料。这些来回摆动的关系，复杂而矛盾，是建筑手段特有的补丁和对立源泉。"文丘里写道。

所谓别墅的"既大又小"，指的是"大尺度的小房子"。在这栋并不算大的别墅里，内部的每一个构件却都很大，这种微妙的夸张感，令参观者仿佛初入兔子洞的爱丽丝，感到滑稽莫名。这里的壁炉引人瞩目，

文娜·文丘里别墅内的一间卧室

但这种瞩目感不像高迪的巴丢之家，是形状的特异造成的——它的引人瞩目来自突兀感：对于这间小房子来说，壁炉太大，壁炉架太高，大门太宽，椅子扶手太矮。室内的"大"，还体现在空间分割的"少"——某种程度上，这是因为经济的原因，平面布置需要将交通面减至最小。

外部表现的大尺度，主要体现在构件上。这些构件大且少，多处于中间，或对称排列，且轮廓单一，形式一致，颇具幽默感。正面入口，门廊宽且高，就这种尺寸的大门而言，它有点儿过浅。与此同时，门上附加的木质脚线也加大了尺寸。"追求大尺度主要是为了与复杂取得平衡。"文丘里写道，"在小房子中把复杂与小尺度结合，意味着琐碎。像欧洲的复杂构图一样，在这个小建筑上使用大尺度，能对立平衡、不会

文娜·文丘里别墅内的起居室

摇摆不定——对立统一对于这种建筑来说是适当的。"

"母亲的房子"的正面，充满了符号象征意味。在 1967 年为自己设计的住宅中，文丘里玩了相似的把戏：建筑的立面采用了罗马的三角山花墙形式和比例，而在大门入口处，则使用了一个弧形的装饰，象征古典主义的拱门。在他的另一本名著《向拉斯维加斯学习》中，文丘里对"符号与象征"做了专门阐释。

与热爱希腊神庙的柯布西耶不同，文丘里的最初历史原型似乎来自希腊神庙的对面——意大利城市外观，它反映的是人们的日常生活。"归根到底，文丘里的著作和建筑都是人文主义的，所以他更珍视人的活动和物质形式对精神的作用。"文森特·斯库利说，"文丘里具有深厚的美国乡土经验，这种特征隐而不露，好似未被开发一样。从美国国情来看，这显然是文丘里最大的成就，他再次打开我们的眼界，让我们看到美国事物的本质——在这一点上，纽约与小镇差不多——他从普通、紊乱、大批生产的社会组织中创建了一种实实在在的建筑：一种艺术。"

复杂与矛盾并不意味着唯美主义或表现主义——这是文丘里式的实用主义。在某种程度上，文丘里是最不讲究"时髦"的设计师，他总是开门见山，既不故弄玄虚，也不装腔作势，"只要有关事实，他从不对我们说谎"。当时的房产商没有一个能接受他。"他们也是有些美国性格的农村孩子，把鼻子贴在糖果店的窗上，第一次花钱，所以他们总是买一些建筑大军制作的现成旧货和花哨次品。这些商人自命不凡地提供了许多欺骗性的简洁和死亡法则：典型的时髦包装。"文森特·斯库利说。

文丘里没有迅速获得大众的欢迎，这似乎并不奇怪——它既太过新潮，又太过简单谦逊。对于那些希望显示"富裕"的阶层而言，文丘里像一个格格不入的标本，他十分难懂，看起来又很日常——这与那些注重虚浮表面、掩饰内在需求的人南辕北辙。"他很前卫，但并不时髦"，这是文丘里的处境，也是典型的文丘里式的"复杂性与矛盾性"。

梅丽娅别墅：

展现你的弱点 ①

家应该能让你展现弱点，或多或少。乍看起来，这是建筑师应该止步的领域，然而，没有一个建筑物可以对此免疫。不具备这个特性，它将无法生存。建筑的这个特性，就像那些细致敏感的人具有的特征，他们有展现自身弱点的需要。

---

① 本文作者为何潇。

1926 年，阿尔瓦·阿尔托写了他早期的一篇重要文章：《从台阶到起居室》。是年，阿尔托只有 28 岁，然而，他关于"居住"（dwelling，源自海德格尔的概念）的理念，在这篇文章里展现出来。作为一个地中海文化的崇拜者，阿尔托希望把他少时成长的地方，位于芬兰中部的于韦斯屈莱，建成"北国的翡冷翠"①。他认为，南欧人民延续了许多世纪的居住方式，可以借鉴到北欧的气候和人文环境中来。

阿尔瓦·阿尔托借用了文艺复兴时期意大利画家弗拉·安杰利科的名作《天使报喜》，来阐释他的理念。这幅画给予了建筑师极大的启发。画中精细的建筑，完美地映射了 20 世纪 20 年代北欧的经典主义——这种风格，正是从意大利北部借鉴而来的。在阿尔托看来，这幅画提供了一个完美例子，演示如何"进入一个房间"。他写道：

> 人、房间和花园在画中展现的"三位一体"，制造了一个不可触及的完美之"家"。圣母脸上的微笑，就像是建筑中最为精致的细节与花园中至为光彩夺目的花朵。在这里，有两件事是显而易见的，即：房间、外墙和花园的和谐一致与所有元素的结构统一———这使得画中人物更为突出，也表达了她的思维状态。

这段话听起来玄妙，放置到具体建筑之中，便是建筑物、自然环境及居住者的"三位一体"。在阿尔瓦·阿尔托之后的所有建筑中，都可以

① 翡冷翠（Firenze，意大利文），出自徐志摩的诗歌《翡冷翠的一夜》，现通译为佛罗伦萨。——编者注

看到相似理念的秘响旁通——当你穿过梅丽娅别墅（Villa Mairea）宽敞的起居室，一径走向门厅，门外的花园小路映入眼帘，在这一瞬间，你会明白安杰利科之于阿尔托的启示。

在芬兰，阿尔瓦·阿尔托的名字让人如雷贯耳，他的影响，反映在芬兰人的日常生活之中。与柯布西耶、赖特和密斯一样，阿尔瓦·阿尔托是现代主义的领军人物。他的出现，让北欧成为现代建筑运动中令人瞩目的力量。在他活跃之时，形式主义与功能主义大行其道。然而，阿尔托却表现得像一个世外之人，用一种谦谨而人性的方式来阐释建筑。他"居住"的出发点，不是建筑的功能或形式的美观，而是意识和感知。他将建筑的实用与居住者的情感自然地融合起来，似羚羊挂角，不着痕迹。这种建筑中的有机手法，给予了建筑内在的自由，却很少出现场面失控的情况。

芬兰建筑师
阿尔瓦·阿尔托

1898 年，阿尔瓦·阿尔托出生在芬兰的库尔塔纳（Kuortane）。阿尔托的祖父是一名高级林业工作者，在沃伊林业学院任教，教授狩猎和森林学。在祖父的影响下，阿尔托从小便感受到，人与自然是统一的。他的父亲在当地享有一定声望，并有着与卡夫卡小说人物相同的职业，是一名土地测量员。在一张白色的桌子上，父亲绘制测量图纸，弯弯曲曲的地形测绘曲线，给阿尔托留下了深刻的印象。少年时代，阿尔托随父亲一同到野外进行测绘，父亲叮嘱他，"永远不要远离养育你的自然"。这种耳濡目染，浸润在他的所有设计之中。

在阿尔瓦·阿尔托的作品中，梅丽娅别墅是一件毫无争议的杰作，也是一个少见的艺术与建筑结合的作品。房子位于芬兰西岸的努尔马库（Noormarkku），始建于 1938 年，是一座用作夏季居住的别墅（即北欧常见的 Summer House）。在阿尔托的私宅设计中，这是最为复杂也最具细节的一栋。这件重量级的作品，成为阿尔瓦·阿尔托 30 年代的完美收尾之作，也是他作品中理性构成主义与民族浪漫主义之间的纽带。

房子是应建筑师的好友，哈里和梅丽娅·古里赫森夫妇的邀请建造的。别墅的名字，正取自夫人的芳名。古里赫森夫人是阿尔斯特罗姆大木材与造纸企业的继承人，在某种程度上，这位女士可谓阿尔托的"伯乐"。在赫尔辛基的一家商店中，她看到了阿尔托早期设计的家具，十分欣赏，便邀请他来做设计，用以批量生产。这场合作直接导致了 1932 年阿尔特克（Artek）家具公司的诞生——如今，这家芬兰的家居设计公司世界闻名，是北欧设计的代表。幸运的是，阿尔托的家具十分适合批量生产。他设计的那些经常出现在设计史专著和设计博物馆里的著名椅子

自然造物和景观是梅丽娅别墅最好的外部装饰

和花瓶，也时常出现在斯堪的纳维亚人民的日常生活之中。

古里赫森夫妇家境殷实，在同一块领地，他们的祖父母早已建了房子。然而，这对夫妇此时刚三十出头，他们希望能建立一个家，反映自己的生活态度。建筑师的想法是，将梅丽娅别墅作为一种实验，它既是建筑学上的，也是社会学上的。阿尔瓦·阿尔托希望，这栋奢华别墅，可以提供一种生活方式的模板与框架，在将来，逐渐走进更多人的生活。他的期望与此时芬兰社会的发展息息相关：乡村福利的提高，吸引着更多的人走向田园与森林。

1939 年，阿尔托写道："一个建筑任务基于一种独立的生活方式、本能及文化构想之上，拥有深远且长久的社会意义。一个单独项目可以成为一种实验，在它建立之时，大规模生产尚不可能，但它会产生广泛影响，并作为一种先进方法，最终为所有人企及。"

私人住宅设计，是至为简单也最为苛刻的建筑任务。这是因为，"建筑"与"家"之间存在着冲突与斗争。建筑是精心设计和完美规划之后的工业成品，而"家"是私人生活零碎、随性的自然反映。当建筑史进入现代阶段，建筑从过往的遮风避雨之所，转化为一种表达手段及各种主义的演习所之时，这种紧张关系体现得尤为明显。在多数情况下，建筑是局面的操控者，作为居住者的个体，声音十分微弱。

阿尔托设计梅丽娅别墅的年代，正是功能理性主义大行其道的时期。然而，阿尔托明确地将自己与柯布西耶式"房子作为居住机器"的理念分割开来。在"完美建筑"与"不完美的家"之间，他留出了可供两者斡旋的空间。梅丽娅别墅的诞生，也标志着阿尔托与功能主义的严格美学标准分道扬镳。

在一篇文章中，阿尔托将"人性弱点"的观点引入了建筑之中。他写道："家应该能让你展现弱点，或多或少。乍看起来，这是建筑师应该止步的领域，然而，没有一个建筑物可以完全对此免疫。不具备这个特性，它将无法生存。建筑的这个特性，就像那些细致敏感的人具有的特征，他们有展现自身弱点的需要。"

"人性弱点"的主题，贯穿着阿尔托的整个职业生涯。阿尔托认为，作为"家"的住宅建筑，它要表达的，不是建筑师的主张，而是居住者的个性。它不应该只是建筑师眼中的"完美建筑"，而应该体现居住者的过去、喜恶和回忆。对于建筑师，承认设计中的"人性弱点"，意味着宽大和包容。在这一点上，阿尔瓦·阿尔托与 19 世纪的英国建筑批评家约翰·罗斯金不谋而合。罗斯金说："对于我所了解的人生而言，'不完美'是个中精髓。"一个多世纪以来，罗斯金关于建筑与重塑的观点一直影响着建筑界。

梅丽娅别墅的设计经历了好几个时期。在早期的设计图纸上，我们可以看到赖特 1935 年"流水别墅"的影响。1939 年，阿尔托去了美国，参观了这栋在当时产生轰动的别墅，对其十分赞赏。在"梅利娅原型"（Porto Mairea）上，可以看到相似的层叠式的结构和悬臂支撑的阳台。然而，当别墅建成，这种影响已经荡然无存，梅丽娅别墅彻底成为一座阿尔瓦·阿尔托式建筑，与"流水别墅"一样，是别墅建筑中的经典。

别墅呈 L 形，在处理上，可以看到芬兰民族浪漫主义的手法。主起居室的平面，取材于 1893 年伽伦·卡勒拉的鲁奥维西艺术家工作室。两个作品都有一个凸出、有粉刷的雕塑型壁炉和一个带踏步的起居平台，连接到后面的夹层楼梯。像阿尔托位于蒙基尼耶密的住宅一样，梅丽娅别墅使用了清水砖墙、抹灰墙和木板壁的组合。在最初的设计中，房屋内部有一个挑高的大厅，充满自由元素。此外，还有一个单独的艺廊，大厅围绕着楼梯。然而，在开始打地基的时候，建筑师改变了主意。

阿尔托的新计划是，将别墅的正式房间，艺廊、起居室、餐厅及大堂，融为一个整体——一个建在第一层的多功能大房间。这是一个流畅的大空间，去掉了墙体结构，空间的划分依靠不同区域的装饰特色。在这里，你甚至可以感到一种"空间的民主"：每一个区域都能相互看见，各自平等，没有一个空间凌驾于另一个空间之上。因为使用了自然材料，这个开敞的大空间出人意料地令人感到温暖。尤为引人注意的是，空间的流动性，从室内延伸到了室外，松树环绕的花园景象，与这个大房间融为一体。餐厅和起居室与一个有顶盖的花园毗邻，花园位于森林中的圆形空地上。"我将花园也看成与室内装饰紧密相关的有机体。"阿尔托说。

画家渴望留在画布上的光，也是建筑师想要锁住的——相比画家，建筑师更为幸运，他们捕捉住的，是动态的光影。森林成为梅丽娅别墅最好的装点。穿行在别墅之中，抬眼可见窗外的树木，仿佛一张流动展开的画卷。与人为的画作相比，自然的画卷更为美妙，晨暮的天光，四时的景象，都会给它带来独特的美感。这张画卷，每分每秒都在变幻，只有房子的主人，可以完整体味到它的美。作为创作者的设计师，好比是一个杰出的画家，土地是他们的画布，砖石与木料是他们的颜料。"自

梅丽娅别墅一楼的开敞空间充满了流动感

然"是梅丽娅别墅的精髓——这也是阿尔托设计的核心。房屋的"地质纹理"和湖泊形状的游泳池,形成了人与自然的最佳隐喻。

在阿尔托看来,建筑与大自然的生物学,有着密不可分的联系。1947 年,在一篇名为《鲑鱼和山川》的文章中,阿尔托写道:"就像是大鲑鱼或鳟鱼,它们并非生而成熟,它们甚至并非出生在其正常生存的海洋或水体,它们可能出生在其日常生存环境的千里之外。那里没有大江,只有小溪和山间闪烁的水体。就像人类的精神生活和直觉远离我们

梅丽娅别墅的
楼梯设计有如树林

的日常生活一样，它们也远离正常环境。鱼卵的发育成熟需要时间，我们思想世界的发展与结晶也需要时间。而建筑学，甚至比任何一种其他创造性劳动更需要时间。""鱼"与"卵"的双重性，体现在梅丽娅别墅中，是作为主体的 L 形别墅与户外游泳池的对照。而梅利娅的工作室，被阿尔托放在了"鱼"的头部，这里象征着别墅中最受公共尊崇的部分和智慧的集合。

与大厅和花园一道成为阿尔托住宅建筑中重复音符的，是"天井"

梅丽娅别墅的
起居室

的概念。在住宅的"生理机能"中，阿尔托十分看重的一个因素是中央

大厅（Central Hall）。阿尔托将它与古罗马的天井相比，认为它"象征了

屋檐下的户外"。在他的许多建筑中，都能看到这样的空间设置，比如

梅丽娅别墅和塞纳特萨洛市政厅。这两个著名建筑在某个方向上异曲同

工，即均围绕着天井布置成两部分。在梅丽娅别墅，包围这个"天井"

的是别墅主体和户外游泳池，而在市政厅，围绕它的是 U 形办公楼和图

书馆——在这些结构的包围下，建筑中出现了一个高于街道的庭院，好

比传统建筑中的天井。这种结构，出自卡累利传统的村庄和农庄组合，1941年，阿尔托在《卡累利建筑》中论述了这一点。

人们谈论梅丽娅别墅的时候，多数会提及它的木护墙，这一木质结构成为别墅的经典符号。由于木材工业的惠顾，阿尔托对木材的价值进行了重新评估，并开始用木材取代混凝土，作为其建筑表现的首选材料。对于自然材质的重新认识，也让建筑师逐渐与流行的国际主义脱离，回归到芬兰本土的民族浪漫主义中来。在后来的实践中，阿尔托认为，从钢筋混凝土转向木材等自然材料，对于他的建筑创作发展是至关重要的。他把这看成一种依靠直觉的设计途径，比通常的线性逻辑更能反映环境。

"人不能总是从纯理性和技术的角度上来思考问题，以达到建筑的实用目的和可行的建筑美学形式——或者说，从来也不是这样。人类的想象力必须有自由展开的余地。在某些情况下完全游戏式、不具备任何实际功能的形式，在10年后会带来实用。"在对木构设计的实验中，阿尔托得出了这样的结论，"使建筑更富人情味，意味着更好的建筑。同时也意味着，一种比单纯技术产品更为广泛的功能主义。这一目标仅仅能够通过建筑手法实现——借助创造和组合不同的技术因素，使它们能为人类提供最和谐的生活方式"。在室内建设上，梅丽娅别墅在阿尔托的建筑中别具一格。阿尔托的小型建筑，主要房间通常由三个部分组成，分离而融合。而在梅丽娅别墅，不同空间的连接方式变化万千。

美国建筑师罗伯特·文丘里说："20世纪最好的建筑师经常反对简单化（通过精简的简化），这是为了促进总体中的复杂性。"他将阿尔瓦·阿尔托和柯布西耶看作这个方向的最佳例子，然而，他们作品中的复杂和矛盾，在很大程度上被误解和忽视了。"阿尔托的评论者，都喜欢他使用天然材料的敏感性和他精美的细部，因而觉得他的整个构图是为了追求美观。阿尔托的复杂是整个设计要求和结构的组成部分，并非达到表现欲望的手段。"在其名作《建筑的复杂性与矛盾性》中，文丘里这样写道。

芬兰的传统元素，在阿尔瓦·阿尔托的建筑中不时显现。在梅丽娅别墅中，不论是壁炉、桑拿房还是植草屋面，都是这片"冰与雪之地"的投射。餐厅北侧外墙镶嵌的壁炉，采用了天然的石材建筑，在石墙没有完工之前，阿尔托曾经派助手到芬兰西北部地区，调查那里的石墙建造工艺。十几年之后，阿尔瓦·阿尔托在巴黎建造了他的另一个名作：嘉利别墅（Maison Carre），在那里，我们依然可以看到梅丽娅别墅的影子。吉迪恩在《空间·时间·建筑》中说阿尔瓦·阿尔托"无论他走到哪里，都把芬兰带到哪里"。

"芬兰的家应该有两张面孔。一张朝向外部，它与世界有着美学方向的关联；另一张朝向内部，体现在内部装饰上，强调室内的温暖，它是冬天的面庞。"阿尔瓦·阿尔托写道。"两张面孔"的概念，体现在他的建筑上，是室内与室外的矛盾冲突——在建筑的外部，人们看到的是男性的气概，它展现为干净利落的线条和略显粗犷的切面；在室内，人们感受到的，却是女性式的温婉曲线和心细如发的精致细节。这些只有细敏的心灵才能觉察到的微妙情感，化作了一只以藤木精心包裹的门把手，一个排列如北欧松林的楼梯隔断，以及一盏蜿蜒若芬兰湖泊的美丽吊灯。

施罗德之家：

自己无处不在 [①]

施罗德夫人和里特维尔德彼此间充分信任，对住宅的建造同样热切：对施罗德夫人而言，她即将有一整座按照自己心意完成的住宅，而不仅仅是一个小房间；对里特维尔德来说，这是他第一个建筑项目。他可以将家具设计当中获得的美学理念延展到建筑创作中，进行从家具到室内再到建筑的整体设计，进而实现他的一个目标："赋予未成形的空间一种意义。"

---

① 本文作者为丘濂。

一间书房的缘分

　　1921 年，施罗德夫人通过丈夫的介绍，认识了格瑞特·里特维尔德。当时里特维尔德刚刚由家具制造涉足室内装修，帮助金银公司的老板比盖尔完成了一家珠宝店铺的设计。施罗德是位律师，比盖尔是他的客户。施罗德前去新店参观的时候带上了妻子，她对这家店铺的设计赞不绝口。同年，施罗德夫人要改造位于乌得勒支公寓的书房，于是想到了那个店

25 岁时的施罗德夫人

铺的设计者。

施罗德夫人对于中产阶级住宅中普遍流行的炫耀性装修感到厌倦，她想要的无非是个简单朴素的房间。里特维尔德将原来房间高窗的上半部封住，在墙上又划分了不同明暗度的灰色块面，并从天花板吊下了他设计的白炽灯管。里面的家具也放得很少，只有一张固定在墙上的坐卧两用沙发床，一张桌子和几把椅子，完全区别于其他房间奢华铺张的风格。这些让施罗德夫人眼前一亮，她尤其夸奖那些"漂亮的灰色色块"，使得房间颇具现代感。

施罗德夫妇的婚姻生活并不和谐，这座书房重新装修的缘起也是施罗德为了缓和关系，让妻子创造一个属于自己的房间。施罗德夫人少年时代就接受过良好的教育——她中学就读于一家著名的天主教女子学校，课外也必须说法语；中学毕业后她在伦敦和德国的汉诺威都待过，学习一些药剂师方面的课程。她22岁时和比他大11岁的施罗德结婚，两人达成协议：不要孩子，这样她就可以随时出去学习。但不久后，她就怀孕了，相继生下一个男孩和两个女孩。

施罗德夫人和姐姐安最亲近。安是一位作家，也是一位艺术批评家，嫁给了一位医生，生活在阿姆斯特丹。通过安，施罗德夫人认识了一批艺术家和左翼政客，对神智学、冥想、自由性爱和女性权利等方面的话题经常展开讨论。与她们的交谈让她暂时忘记了位于乌得勒支那个死气沉沉的家庭，以及她需要扮演的成功律师妻子的角色。

在一封夫妻俩于1914年的通信里，施罗德写到了两个人的矛盾："我很爱你，但我们是两种完全不同的人。"他更加务实，她则太过理想

里特维尔德（中）和他的两位建筑师朋友（摄于 1926 年）

化；他对事情的判断来自实际经验，而她的观点都来自书本阅读。"如果按照你的方法来教育子女，他们必将长成更完美的人，也对美好的事物具有超强的感知能力，但是注定会在严酷的现实面前变得不堪一击。"施罗德尤其反对她继续和姐姐的朋友圈子来往，这让施罗德夫人更加愤怒。

施罗德夫人曾经离家出走过几次，每次都因为牵挂孩子最终选择归来。1923 年，施罗德由于疾病延误了治疗突然去世，这对施罗德夫人来说是个意外的解脱。多年之后，她回忆起丈夫，口气里含着伤感和讽刺："他是个很英俊的男人。没错。他很高，肩膀也很宽。他为人热情，但也让我感到难以相处。"

自书房改造之后，施罗德夫人就和里特维尔德成了很好的朋友。两人之间也逐渐潜滋暗长了朋友之外的情愫。"我周围的人根本不懂得现代主义意味着什么。丈夫律所的事务很忙，他在乌得勒支的家人对这些东西也不感兴趣。我只有通过姐姐去了解新鲜的事物。我们就在这间小书房里来讨论，这是真正属于我的房间。有时候里特维尔德也会来。"施罗德夫人说。

她和里特维尔德在交谈中加深了彼此的了解："就像曾经的我一样，他正在经历一段困难时期。我已经从天主教的信仰传统中解放出来，可他还在他从小信仰的新教教义里挣扎，他需要摆脱它们的束缚。聊天的过程能够让他理清思绪。"

施罗德夫人原来的公寓就位于丈夫律所的楼上。应里特维尔德的请求，施罗德夫人曾在这处高大宽敞的住宅里为德国诗人库特·史威特举办了一次聚会。此前史威特在乌得勒支的艺术和科技中心开过一次"达达之夜"的朗诵会，荷兰风格派[①]的代表人物凡·杜斯堡夫妇也有出席。正当凡·杜斯堡先生发表演讲，夫人弹奏钢琴的时候，他们的表演被突然闯进来的一群大学生打乱了。史威特感到意犹未尽，就找到和风格派艺术家十分亲近的里特维尔德，希望他能够另外寻觅场所再举行一场活动。于是就在施罗德夫人的住宅里，这群艺术家度过了一个精彩的夜晚。

---

① 荷兰风格派，又称新造型主义，以《风格》杂志为中心，因而得名。其主张纯抽象和纯朴，外形上缩减至几何形状，颜色只使用黑与白等原色。代表人物是蒙德里安与凡·杜斯堡。——编者注

施罗德去世后，施罗德夫人打算开始新的生活。她最初的想法是在乌得勒支租一处更小更经济的住处，请里特维尔德进行改造。她计划只在当地再生活 6 年，等到三个孩子从学校毕业，就搬去阿姆斯特丹。最终合适的房子没找到，但他们发现了一块都很心仪的空地。施罗德夫人决定让里特维尔德设计一栋新的住宅。

这栋住宅从规划之初就是与众不同的。它没有遵照常规的程序，业主和建筑师之间没有签署正式的设计委托书。施罗德夫人和里特维尔德彼此间充分信任，对住宅的建造同样热切：对施罗德夫人而言，她即将有一整座按照自己心意完成的住宅，而不仅仅是一个小房间；对里特维尔德来说，这是他第一个建筑项目。他可以将家具设计当中获得的美学理念延展到建筑创作中，进行从家具到室内再到建筑的整体设计，进而实现他的一个目标："赋予未成形的空间一种意义。"

摩登女性的生活想象

他们选中的空地位于城市边缘的普林斯·亨得利克兰街道旁。这里接近郊区，旁边紧挨一排"丑陋笨拙"的棕红色传统公寓。这块用地最大的优点就是从它可以眺望对面广阔的郊外，那是一片有着树林、牧场和运河的低地。当时这块低地属于荷兰旧有防洪体系的一部分，法律规定禁止在那里建房，因此他们估计这栋住宅会一直拥有良好的视野。

对于里特维尔德给出的第一版方案，施罗德夫人只瞥了一眼就否定了。这版方案里，房子仍局限于封闭的方盒子模式。里特维尔德做出了一层的功能分区，包括厨房、卫生间、洗手间和卧室，不过施罗德夫人并不感兴趣。她的直觉告诉她设计的起点应该是二层而不是一层，那才是她和孩子们主要的生活区域。"于是我们就讨论二层哪里能看到最美的风景和日出，设计从那个位置慢慢成形。"她后来回忆。这处房子更像是一处乡间的度假别墅，窗外的世界能让人把城市生活抛在脑后。它和施罗德夫人小时成长的环境相似。

施罗德夫人对二层还有一个明确的想法：她希望那是一个没有内墙隔断的开敞空间。"一次我帮朋友看小孩，她就住在一间空旷的阁楼里面。那是我最早开始想象这种生活方式的时间。"她回忆说。事实上，后来为了通过当地的建筑审核，在里特维尔德呈交设计图纸时，二层就被写作"阁楼"。

施罗德住宅初次方案是个封闭的方盒子，这在之后的草图中得到了修正

在抚养孩子的过程中，施罗德夫人的思考也逐渐成熟。"我曾三次离开丈夫，因为我们对抚养孩子的方式不能达成共识，每次我都看到女佣在那里照看孩子。父母和孩子应该尽可能多地接触……开敞空间就提供了这样的可能，孩子们能在父母的看护下完成家庭作业，还能随时参与到父母与客人讨论的话题中来。即便是激烈的攻击与争论，也是对孩子们有益的。"

1930 年，施罗德夫人为《工作中的女性》这一杂志撰写文章时，再次谈到了她对室内空间的理解。这本杂志的主编是她的姐姐安，服务的读者群体是中产阶级女性知识分子。她们更感兴趣的是艺术和教育理论，而不是在工作场所中的女性权益保护。

施罗德夫人本人没有在家庭之外的地方工作过，她是三个孩子的母亲，也是个寡妇，这让她更关注家庭内部生活。和同时代的许多进步女性一样，她深受瑞典女权主义者艾伦·凯的影响。凯的著作强调女性在养育子女和凝聚家庭成员方面的特殊能力。施罗德夫人的设想是把女性置于家庭的中心地位——这很像之后逐渐流行起来的家居设计，开放式厨房或者工作台被放置于中间位置，这样家庭主妇就能在忙碌时也能随时注意到房间里的动向。

除此之外，施罗德夫人还为房间设计提出了几条别的具体设想。虽然白天二层是开敞空间，但施罗德夫人希望能够安装滑动隔墙，夜晚降临时，她和孩子们可以在各自的房间里休息；每一个"房间"都应该有一个橱柜、一个洗手池和一个电源插座，这样家庭成员只要愿意就都能在各自的空间里烹调食物；住宅还应该包括一个室内的车库，因为尽管

施罗德夫人住宅修正后的草案图

汽车还很少见，但可以预想有生之年总会拥有一辆。施罗德夫人是这栋住宅的"资助者、启发者与合作设计人"，接下来就有赖于里特维尔德通过对空间的感受和经验，将想象变为现实。

从红蓝椅到施罗德住宅

里特维尔德没有接受过正规的建筑学教育，小学毕业就在父亲的家具厂做工。在此期间，他参加过乌得勒支建筑师克拉海默办的夜校，以及乌得勒支艺术与手工博物馆组织的工业美术夜间课程。1919 年，《风格》

杂志刊登了他的两件作品——婴儿椅和扶手椅，这让他得到风格派的赏识。随着和风格派成员的交往，他的设计思想日趋明晰和完善起来。

扶手椅就是之后著名的"红蓝椅"上漆前的样式。它的独特之处在于构件之间的交接方式。一把椅子有13根方木条、两个扶手、一个座椅和一个靠背。各构件相互连接时没有用传统的平头销钉来接合，而是彼此交叠穿插，在上面或者侧面用暗榫来固定。

"最大的好处是布置板条时更自由，这给予物体更多的空间表现，使它从结构束缚的平面中解放出来。"里特维尔德这样阐述。他的目的是创造一种可以让空间延续的家具，而不是像障碍物一样立在空间里。开放性的结构使得构件被简化为最基本的要素，这与风格派要素化的原理不谋而合。凡·杜斯堡在《风格》杂志里评价里特维尔德的作品："新的室内设计用什么来代替雕塑？这些家具通过新的形式给这个问题一个新的答案。椅子、桌子、柜子及其他使用物品都可以是我们未来室内空间中真正抽象的形象。"

1920年，里特维尔德和凡·杜斯堡搭档，凡·杜斯堡来做一所住宅的室内和色彩设计，里特维尔德负责里面的家具。他由此领悟了色彩在空间表现上的作用。1923年，里特维尔德将扶手椅发展为红蓝椅：所有条形框架都是黑色的，方形的截面是黄色，座板被漆成深蓝色，背板则是强烈的红色。通过色彩加强构件的要素性，这成为里特维尔德运用色彩的原则。

如果再往前追溯，这种对红、黄、蓝三原色的使用偏好则是由于画家蒙德里安的"新造型主义"对风格派的影响。蒙德里安后期的画作都

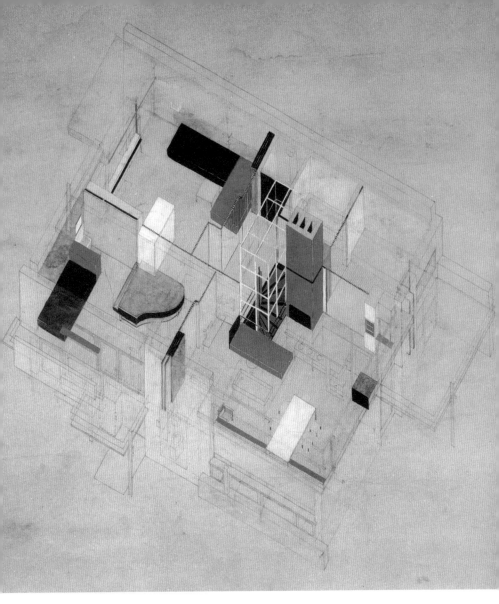

施罗德住宅内大量使用了固定家具，它们增强了空间的可视性与渗透性

以垂直和水平线作为分割，以简单的原色配色，并刻意违反对称均衡的布局原理。蒙德里安认为三原色"是实际存在的仅有颜色"，水平线和垂直线"使地球上所有的东西成形"，所以将这些元素组织在某种理性的结构中，将会具有永恒的价值。

"当我获得机会能以红蓝椅的美学原则设计一座住宅的时候，我热切地抓住了它。"里特维尔德说。从色彩和线条上看，施罗德住宅就像是蒙德里安抽象画的三维立体版：房子外部大块的立面刷成了灰色和白色，起支撑作用的钢柱涂上了红、黄、蓝的原色，阳台栏杆和窗框都是简洁的黑色直线。

里特维尔德本来想用混凝土来建造房屋，施罗德夫人的资金却有限，住宅最后实际是一个玻璃、木头、砖头和钢铁的混合体，建在一个混凝土的地基上。由于色彩和亚光漆的运用，人们都忽略了立面上那些不同的材质，仅仅把每个立面当成不同色块的组合来欣赏。房间内部的地面和墙面，以及一些固定家具也配以同样的原色以及黑、白、灰三色，从室外迈入室内会觉得非常和谐。

颜色是和人们对空间的感知相关的。一进门的门厅，只有两平方米，但里特维尔德把地板和天花板漆成蓝色，门厅里通往楼上的半截楼梯漆成黄色，一下子就改变了视觉效果。房子的空间设计和红蓝椅的结构有着异曲同工之处。在室内，里特维尔德按照施罗德夫人的嘱托在二层安置了灵活的门板和隔墙，又沿袭了之前在书房的做法，安排了多处与墙面结合在一起的固定家具。当隔板滑动到一边，这种设计就会让二层空间的可视性与渗透性表现得更加突出。

由空间内部向外部过渡部分的处理是施罗德住宅里的亮点。这栋建筑里一共有五组过渡区域：建筑的三个立面各有一组，东南角是一组，它们使空间在水平方向渗透；另一组穿过建筑的中心，通过天窗和楼梯井形成的空间在垂直方向渗透。二层房间东北角那处"消失的屋角"是整栋房子一处著名的设计：由两扇玻璃组成的角窗在关闭时形成一处90度的转角，开启时角部则没有惯常存在的窗棂阻隔视野，这样就可以最大限度地让施罗德夫人和室外的自然相接触，一栋封闭建筑的体量也因此而削减。

里特维尔德在70岁生日的时候向大家发过一张感谢卡，上面画了三段自由的墙体，组成一个松散的字母R的图案：这组墙形成了内外空间，以及内外之间的过渡。通过过渡元素的设计而让空间能流畅延续的方法，成为里特维尔德标志性的建筑语言，并在以后的作品中继续得到发扬光大。

施罗德住宅里还有许多设计反映出里特维尔德对生活细节的关注。门厅衣柜里有两排挂钩，高的一排给大人，矮的一排给孩子，还有一个架子专门放孩子们的户外玩具；衣柜下面安置了一个小型的散热器，可以烘干鞋子和外套；考虑到施罗德夫人和子女主要是在二层活动，底层的厨房有一个升降设施，食物准备好后就能传递到楼上的用餐区域；也是遵循同样的逻辑，在正门的旁边有个小圆洞，那其实是一根管子的端口，另外一端在二层的起居室里，这样有客人拜访时对着圆洞说话，楼上的施罗德夫人就能听见。看电影是施罗德夫人和那些艺术家朋友共同的爱好，尤其是那些在荷兰禁播的苏联导演拍摄的影片。里特维尔德在二层中心区域做了一个多单元的储物阁，里面摆放了女性做针线活的物品、书籍，还有留声机和电影放映机。这些精妙又实用的设计或许可以理解为建筑师对委托人的体贴和深情，因为有些安排也在施罗德夫人的想象之外。

"怪房子"的岁月见证

1924 年夏末，施罗德住宅完工，施罗德夫人带着三个孩子搬来了这

1924 年，施罗德住宅竣工，它成为一种新的居住方式和生活方式

里。她只从旧房子带来几件东西：一个燃气取暖器、一个浴缸、一块油地毡和一把椅子。经过住宅一年多的设计和建造过程后，她和里特维尔德已变成了公开的情人，两人出双入对参加社交活动。他其实已有家庭，还是 6 个孩子的父亲。1954 年，当妻子病故，他就彻底搬到了施罗德夫人这里，直到 1964 年去世。

住在这间房子里让施罗德夫人身心愉悦。"它有恰当的比例和足够的采光，每天我都感到精神焕发。"施罗德夫人说。这间住宅是两人思想观念的实验品，也在使用的过程中成为一个实验室，"供我们观察空间环境对人的作用"。出于功能性的考虑，里特维尔德使用色彩时将房间内容易弄脏的部位涂上深色，但楼梯附近的地面他却刷了白色，施罗德夫人感到不太满意，客人常常在那里留下黑色脚印。"对我们孩子来说是件很有趣的事情呢！按照母亲的吩咐，我们每次经过那里都要跳过去。"她的女儿菡长大后回忆。

这座房子有三个立面是独立的，另外一个立面和后面的老式公寓相连，彼此间形成鲜明对比。自建成后就经常有本地艺术家参观拜访，过路人也会驻足观看，品评一二。"每次客人来了，母亲就会让我展示那些推拉门的妙用。"菡说。那时孩子们都在，两个女孩，玛丽亚和菡共享一间，男孩宾纳特住在可以看到郊外的房间。当整个上层空间需要为家庭聚会或招待客人使用时，隔墙就全部打开，整个二层变为三面开敞的起居室，三张床这时就成为散落红、黄、蓝靠垫的长沙发。

施罗德夫人记得："有一天菡放学回家，满脸泪痕的样子，和我说同学们都笑她住在怪房子里。"正如她设想的那样，"即便是激烈的攻击与争论也是对孩子们有益的"，菡长大以后成了荷兰历史上第一个女注册建筑师，后来在美国的大学里教授室内设计。她的一件经典作品是1962年在荷兰的奥斯特利茨为退休的单身护士设计的养老公寓。由于也安装了推拉装置，狭小的公寓房间一下子成了多功能的住宅。"室内设计要满足房间里活动的需要，不能让主人活动反而受到房间的限制。这是我一个重要的设计观念，是在施罗德住宅的成长给我的启发。"菡说。

1925年，里特维尔德正式成为一名全职建筑师。他的办公室就设在施罗德住宅的一层，那个未来要用作室内车库的地方，直到1932年，事务所才搬到另外一处。施罗德夫人凭着她在室内设计方面的天赋和直觉成为他的工作伙伴。和所有刚起步的建筑师一样，他们最初的客户集中在亲戚朋友的圈子里。

有的作品尽管是两人一起完成的，但施罗德夫人的名字并没有被提及。因为委托人不能接受他们的这种关系，就像里特维尔德有些曾经的好友也因他们的结合而渐渐疏远了他们。除了施罗德住宅外，只有姐姐安在阿姆斯特丹的住宅改造、为荷兰画家凯斯·凡·东根建造的住房，以及施罗德对面盖起的联排别墅是在两人联合署名之下。这些住宅多少都能发现施罗德住宅的元素：以水平或垂直线条分割的外立面、室内外明亮的色块、固定家具、自由变化的隔墙、室内外过渡部分对于空间的延展，等等。

"里特维尔德并没有打算去建一栋永远都存在的住宅，他认为一间房子的寿命就不该超过一代。我曾经问他，你设计了那么多房子，哪件作品你认为最重要呢？他回答，下一件。"里特维尔德的长期助手、建筑师贝蒂斯·米尔德说。

1963 年，当一条高速公路从窗外的郊野横穿而过的时候，里特维尔德曾建议把房子拆掉，因为景观是他们当年选址时最重要的元素之一。施罗德夫人认为这栋房子对她来说意义非凡，坚持保留了下来。1970 年，施罗德夫人把它移交给了新成立的里特维尔德 – 施罗德基金会，基金会成员包括施罗德夫人及其子女，还有一些知名的设计师、建筑师和历史学家，从此施罗德住宅成为公共财产。

1974 年开始，在米尔德的主持下，施罗德住宅进入修复阶段。如果要将这栋现代主义的杰作保留下去，修复是必需的，比如在建筑材料上由于没有使用混凝土，就出现了开裂的现象。米尔德的目标是，将住宅恢复成 1924 年建造完成时的模样。随着时间的推移，里特维尔德也在改变着自己的设计理念。受到极简主义的影响，他在重新粉刷墙壁的时候减少了三原色的使用，还去掉了一些具有雕塑感的东西，像一个黄色的多层橱柜。米尔德决定将它们都重新恢复："因为那才是这栋风格派住宅刚竣工时的意义。它是一个跨时代的宣言：一种新的居住方式和生活方式。"

1985 年，施罗德夫人以 95 岁的高龄辞世，她在这栋房子里面生活了整整 60 年。她的后半生都很快乐，她称这栋房子对她是"简单的奢华"。1987 年，施罗德住宅对公众开放参观。如今走进去，就好像主人不在家的样子。

1987 年，施罗德住宅在重新装修后对公众开放，接待了许多参观者

参考资料：

项瑾斐：《施罗德住宅及其历史意义研究》，硕士论文。

Gerrit Rietveld, by Ida van Zijl, Phaidon Press Ltd.

Women and the Making of the Modern House, by Alice T.Friedman, Yale University Press.

尤松尼亚一号：

为普通人打造的伟大住宅 ①

现代建筑史与古代建筑史的一个重要区别，就是人的住宅超越神的居所成为建筑世界的主角。许多住宅的主人，让自己的姓氏随着伟大的建筑作品写进了历史。法国的萨沃伊、荷兰的施罗德、捷克的吐根哈特与美国的范思沃斯，等等，都是这样的幸运者。在建筑大师赖特的住宅代表作当中，就有两座"雅各布斯住宅"同属于一个囊中羞涩的普通人。

---

① 本文作者为杨鹏。

尤松尼亚

2008 年，11 座赖特的建筑杰作由美国内政部"打包"递交给联合国教科文组织，被列入"世界文化遗产"的预备名单。这个名单里的住宅个个器宇不凡，主人的背景也都令人艳羡。罗比住宅（Robie House）的主人是享有多项专利的机械发明家，蜀葵住宅（Hollyhock House）的女主人是石油大亨的继承人，"流水别墅"所处的私家山林面积达 800 余公顷。其中的一个异类是面积仅 150 平方米的单层住宅，造价只有区区5 500 美元，名曰："第一赫伯特·雅各布斯住宅"（First Herbert Jacobs House）。这位寒酸的赫伯特·雅各布斯，何许人也？

1936 年 8 月的一天下午，威斯康星州《麦迪逊时报》的记者雅各布斯和他的妻子凯瑟琳，来到塔里埃森拜会弗兰克·劳埃德·赖特。这并不是他第一次见到赖特。两年前的冬天，刚刚 30 岁出头的记者曾经带着采访任务来到塔里埃森。当时，行色匆匆的大师让两位学徒接待了雅各布斯，向他介绍"有机建筑"的理念，结果是，这位记者一头雾水地离开了。

这一次，他们的身份是与建筑师洽谈的业主。夫妇俩都是土生土长的威斯康星人，最普通的工薪家庭出身。有四五年工作经历的雅各布斯，年薪不过 1 000 多美元。凯瑟琳是没有固定收入的雕塑家，在家照料 3 岁的女儿。然而，美国人的本能让他们迫切需要一个安稳舒适的家。他们用 800 美元在麦迪逊市郊买到一块 600 多平方米的土地（接近中国的一亩地）。接下来，计划用 5 000 多美元建一座独栋住宅。

美国建筑大师
弗兰克·劳埃德·赖特
（摄于 1953 年）

　　凯瑟琳的一位艺术家表兄向他们建议："你们可以试试请赖特来设计。"这位表兄不久前才在塔里埃森度过一个愉快的夏天。因此，他热情地帮助记者夫妇牵线搭桥，尽管未来的屋主对此不抱什么希望。

　　这一次，赖特热情地接待了他们，满口答应要设计一座既舒适又不会把他们"压垮"的住宅。最终签订的设计合同里写明，建筑的总成本为 5 500 美元，其中包含设计费 450 美元。要知道，十几年前他设计的东京帝国饭店，和即将设计的约翰逊制蜡公司大楼，造价都达数十万美元。出于某些特殊的原因，他非常看重这个年轻人送来的机会。这座小房子是赖特古稀之年的又一个长子，或者说又一次初恋。他给它起名叫"尤松尼亚一号"（Usonia House I）。

1936年时的赖特已将近70岁。在这样的年纪，凡夫俗子们多半可以在鱼塘和沙发上悠闲地消磨剩下的时光了。从前积累的作品，已经让赖特成为美国建筑界的重要人物（否则他的私生活何以频频在美国的多家大报出现），他的作品在荷兰、德国和日本的建筑界影响深远。假如他在那一年不幸去世，仍会在现代建筑史上占据一座祭坛——只不过11座"打包"申遗的建筑当中，将有7座不会诞生。

近70岁的赖特认为，他的天才之花正含苞欲放。他给自己出了一道颇具挑战性的难题，一个可以拔高到爱国主义层次的难题。只不过他热爱的祖国，并非美利坚合众国，而是一个叫"尤松尼亚"的地方。

用"尤松尼亚"（Usonia）代替"美利坚合众国"（United States of America），是赖特的癖好。这个英语词典里查不到的词，来源于"联合"（Union）。如果美国就是"美利坚"（America，或译"亚美利加"），岂不是欺辱从北极圈到合恩角的美洲大陆？在赖特眼中，这个崭新的称谓既体现对其他美洲国家的公平，也更符合祖国独特的气质。以适合生产居住的气候和地貌来衡量，其他面积辽阔的国家都盛产高原、冻土或者沙漠、雨林，他的祖国真正拥有世界上最广阔的国土。无比宽广富饶的土地和无数自食其力的中产阶层，正是"尤松尼亚"长久富强的基石。让普通中产阶层享受祖国独特的自然环境和生活方式，岂不是"尤松尼亚"最伟大的建筑事业？

"尤松尼亚"应当拥有属于自己的住宅。不是一种风格，而是一种住宅。它将不再模仿几百年前欧洲的老房子，它不需要底层架空或者空中花园，也不需要无法更白的雪白墙壁。数年的大萧条时期，恰好让赖特有充足的时间用来构思。理想的住宅已经在他头脑里建成，用他自己的话讲，接下来只需"抖抖袖子而已"。就在这时，囊中羞涩的雅各布斯出现了。

幸运的"小白鼠"

赖特习惯把他的业主分成三类：第一类是他本人，即便负债累累，也要随心所欲地不断改建塔里埃森，最终达到七间客厅并且各有一架三角钢琴；第二类是考夫曼（"流水别墅"的屋主）或者财力略差于他的富商，赖特给他们的建议是"你很富有，因此我认为你应当这样生活"；第三类是雅各布斯或者财力略强于他的中产阶层，赖特清楚地知道他们"只有喝啤酒的收入，却有喝香槟的胃口"。

在他引以为豪的《自传》（*An Autobiography*）中，详细描述了"尤松尼亚一号"的建造过程，而名冠寰宇的"流水别墅"在书中只是一笔带过。原因很简单，后者不过是他成功改造富人生活方式的数十起案例之一，而"尤松尼亚一号"中的许多试验成果，被应用在日后建成的数十座尤松尼亚住宅。

在签订合同之前，赖特直截了当地警告雅各布斯夫妇，他们的家将是一只幸运的"小白鼠"。它将是全美国第一个使用地板采暖的住宅（此前有几位业主果断地拒绝了这份荣耀），不但更加舒适，而且本来狭小

赖特设计的"第一赫伯特·雅各布斯住宅"外观局部

的空间还省去了暖气片的位置。首次试验以悬挑的屋顶作为停车罩棚（Carport），取代封闭的车库。赖特的理论是："汽车不需要像马一样睡在马棚里。"封闭的车库固然利于汽车的健康，但是对于原本就在路旁过夜的二手车而言，遮雨挡雪的罩棚已经足够舒适。当然，最重要的试验是，以大约5 000美元的施工造价，实现一座有三间卧室的独立住宅。

赖特格外娇惯尤松尼亚系列住宅的这个"长子"。"第一赫伯特·雅各布斯住宅"的设计图纸达到76张，而造价数十万美元的"约翰逊制蜡公司大楼"的设计图纸也不过167张。施工过程中，他自己也备感好奇，除了派两名学徒来协助施工，他还多次来到施工现场巡视。

完工之后的小房子呈"L"形的布局，两翼紧贴街道。当只能在一小块地上盖房子时，你是把花园送给街道和邻居，还是把它留给自己和家人，似乎不难选择。隐蔽且平淡的入口，是贯穿赖特所有作品的签名式手法。先抑后扬，像一柄放大镜，带给你登堂入室后真正的惊喜。

客厅里一排高大的落地窗，每一扇窗都是向外打开、通向花园的门。在厨房也可以看到自家阳光明媚的花园。赖特这样描述它的杰作："花园在哪里结束，房子在何处开始？就在花园开始、房子结束的地方。尤松尼亚住宅是一股对大地的热爱，一种对空间和光线的新认识，一种自由的新精神——我们的美利坚合众国值得拥有的自由。"

沿着客厅的墙面有一个 8 米长、2 米多高的固定木质书架，收纳了一个工薪家庭的所有书籍杂物，并且利于墙体的结构稳定。赖特屡屡教育他的第三类业主："如果没有足够的空间储存它，恰恰证明它不属于你的家。"所有的红砖墙和木板墙，都暴露自然的纹理，没有一丝抹灰和涂料。一排白炽灯泡直接固定在客厅的天花板上，不需要灯罩和灯具。狭小的卫生间里采用定制的三角形浴盆。

家里的地面是一整块混凝土地板，里面埋设供暖的管道，表面涂成赖特惯用的深红色。在此之前，美国家庭只知道木地板、瓷砖或者石材地板。混凝土地板？闻所未闻！

简单清晰的常识统治一切，没有任何冗余的东西。唯一违背"常识"的亮点，就是壁炉。既然有了地板采暖，壁炉就只是高雅的"装饰"而已。屋主夫妇都来自平民家庭，此前从未享受过壁炉，他们提给建筑师的要求里也没有此项。问题在于，赖特一生设计的所有住宅都必须拥有壁炉——这是他向业主提出的条件。雅各布斯日后承认，每逢窗外大雪，看着火苗在噼啪作响的木柴上跳跃，是他家里最重要的"奢侈"行为。

赖特留下的尤松尼亚住宅，遍布从弗吉尼亚到加利福尼亚的近20个州。它们都延续了"长子"的许多特征：相对狭小的卧室，换来尽可能宽敞的客厅；壁炉总是家庭空间的核心；厨房与餐厅开敞连通，尽享自家美丽的花园。外观无论采用哪些材料，都少不了一组舒展的水平线。水平线之于赖特设计的住宅，犹如竖直线之于哥特式大教堂。如果竖直线是通向天国的激情之路，那么水平线就是地平线的伙伴，带给每个人平静与庇护。

"第一赫伯特·雅各布斯住宅"登上了1938年1月号的《建筑论坛》杂志。成千上万的美国人，难以相信照片上的家面积只有150平方米，造价仅有5 500美元。建筑学术界也若有所悟，原来现代建筑并不等同于"白盒子"。

主人一家在壁炉旁用餐时，经常听到街对面有人指指点点："嗯，很古怪啊！""是啊，与众不同！"门铃频频响起，造访者包括建筑师、建筑系学生或者尤松尼亚住宅潜在的业主，其中也有包豪斯①的掌门人，正在哈佛大学任教的格罗皮乌斯。一封来信的地址干脆写成"弗兰克·劳埃德·赖特设计的住宅，出现在1月号《建筑论坛》杂志上"，这样也居然顺利地送达收信人手中。后来雅各布斯对每位访客收取50美分的造访费，很快就抵销了付给赖特的设计费。

---

① 包豪斯，德国魏玛市"公立包豪斯学校"的简称，是一所综合性的设计学院。——编者注

赖特对于这个"长子"颇为满意。雅各布斯一家搬入新居之后，他前来享用晚餐，还送给主人几幅他收藏的日本画家歌川广重的浮世绘——这正是他表达赞许的最高形式。

又一件好东西

普通人也有变幻莫测的欲望。雅各布斯夫妇很快有了第二个孩子，他们开始向往田园生活，考虑搬到更远离城市的地方。就在犹犹豫豫之时，他们读了作家 E. B. 怀特的一本书，它描写的是某个纽约客在偏僻的缅因州享受田园之乐的故事。虽然作者当时并不出名（10 年之后他才写出《夏洛的网》），但是这本书已经足以让雅各布斯下定决心。

1942 年冬，雅各布斯卖掉"尤松尼亚一号"，买下麦迪逊郊外一片面积为 20 公顷的农场。妻子专职照管两个女儿和一个儿子，年届 40 的丈夫既是兼职记者，又学着农夫的样子穿梭在玉米地和牛棚羊圈之间。

对于他们的决定，赖特既失望又非常赞许：一方面，他们轻率地把尤松尼亚住宅的"长子"过继给了陌生人；另一方面，远离城市投入田野，恰恰是他以身作则的生活方式，何况他还得到了最恰当的"补偿"——雅各布斯希望他为自己再设计一个新家。第二年夏天，赖特来到雅各布斯的农场视察。就像他为自己的塔里埃森选址一样，他选定了一片缓坡的"前额"，背后是浓密的橡树林，面前是一览无余的田野。

预期的造价仍定在 5 500 美元，包含设计费 500 美元。在焦急的等待中，1944 年 2 月的一天，雅各布斯收到建筑师的来信，邀请他们来塔里埃森"迎接"新家的设计方案。信中特意强调："小心哦，你们又得着一件好东西！"

某些时候，赖特会把适合的旧作品稍加改动就赐予新业主，但是他对这个威斯康星老乡不会这样敷衍了事。当设计图纸在绘图桌上展开，业主惊奇地发现"第二雅各布斯住宅"与它的前任大不相同。它地处一望无际的田野，不必精打细算地守望一小块花园，得以尽情散发浓郁的"野趣"。

建筑的整体是一条完整的半圆弧。北面凸出的圆弧全部是用厚重的石块砌成，两道石墙夹着中间保温用的空气层，冬天阻挡寒风，夏天吸收热量；南面凹入的圆弧，全部是落地的玻璃窗，在夏天开敞通风，冬天利用温室效应给屋里增添热量。这是绿色建筑？生态建筑？60多年前，这些名号还未出现。赖特为它起名叫"太阳能半圆"（Solar Hemisphere）。

虽然看不太明白图纸上的奥妙，但是出于对赖特无限的信任，雅各布斯夫妇还是"认可"了方案。他们回到暂住的地方，一面享受自家产的玉米、黄油，一面耐心等待新家的施工图纸。当时的赖特，正率领学徒们紧锣密鼓地设计纽约古根海姆博物馆（尽管它在15年后才竣工开放）。直到1946年的冬天，在业主的不断催促下，施工图纸终于就绪。为了表示歉意，赖特还免费提供塔里埃森的推土机，帮助雅各布斯清理场地。

移居乡下之后，雅各布斯把过去几年的生活趣闻写成一本书，就在新家即将动工之际，他的新书面世了。原本是双喜临门，却搞出一个误

赖特为雅各布斯夫妇设计的第二套房子"太阳能半圆"

会。赖特曾经叮嘱雅各布斯读一读他的《自传》，里面详细描写了"尤松尼亚一号"。雅各布斯的书中提到这件事，他以为这无关痛痒，却被赖特误解，以为他炫耀自己为大师写《自传》提供了帮助。傲慢引发了偏见，老先生一怒之下，和雅各布斯断绝往来，派两名学徒来协助施工就更不用指望了。

本地出产的浅黄色石材已经买到，工人已经就位。箭在弦上，夫妇两人只得自己蛮干。他们学会了看施工图纸，搞明白了自己的家原来是这么一回事。每天除了给5位工匠送来啤酒，还要叮嘱他们在石墙上哪

"太阳能半圆"极富特色的局部设计（1）

里预留木梁穿过的洞口，哪里为安装窗子预埋螺栓。经过半年的辛苦，1948 年 7 月，当主体结构竣工但是门窗还没有安装完毕之时，雅各布斯就迫不及待地搬进了新家。

一楼的客厅彻底通畅无碍，因为二层卧室的地板是由屋顶垂下的钢管悬吊着。粗糙的石墙显露在室内的每一处空间，正是最精致自然的装饰。客厅里一个圆形的小水池，一半嵌在屋内，另一半在阳光明媚的下沉花园里。房子完工之后，推土机在北墙外面堆起土坡，覆盖了一层的石墙，整座建筑仿佛是从山坡里生长出来的那样。

两个月后的一个星期日，建筑大师不请自来地出现在门前，主人急忙欢迎他进屋视察。前后里外都看过之后，赖特不置可否地离开了。接

"太阳能半圆"极富特色的局部设计（2）

下来，不断有访客由赖特推荐前来参观。这些都是尤松尼亚住宅新的业主。如果他们不欣赏这座圆圆的石头房子，赖特就有充分的理由质疑其鉴赏力。

"太阳能半圆"同样吸引了数以百计的参观者。这一次，雅各布斯果断地向参观者收取一美元（建筑系学生免费），同样很快就抵消了设计费。多数人表示大开眼界，也有人对它不以为然。某个参观者一边看一边连连摇头："你们要把这么多石头墙都抹平刷白，可得费一阵子工夫呢。"

一家时尚杂志的女记者，仔细地参观之后，发现所有的橱柜、书架和桌椅都是根据图纸和屋子一起建成的，她对此很不理解："天啊，家里居然没有我们杂志广告上的东西！"如果主人不愿接待参观，会在门外挂起特制的牌子："请勿打扰，正在祈祷。"

常识的胜利

1962年，三个孩子都已经长大离家，雅各布斯把"太阳能半圆"卖给一位威斯康星大学的教师后，前往伯克利加州大学的新闻学院任教。他的大女儿后来跟随赖特在塔里埃森学习建筑。雅各布斯夫妇作为上宾，参加每一年赖特的生日聚会，直到这位20世纪最伟大的建筑师去世。

回到当年，如果他们不住在麦迪逊（临近塔里埃森），根本不会想到请赖特为自己设计新家。如果赖特头脑中没有"尤松尼亚住宅"的理想，也不会为几百美元而倾注心血。窄小的地块里，房子怎样布局合理？5 000美元的施工成本，应当采用什么样的材料？停车的罩棚、混凝土地板采暖……凡此种种，哪一点不是基本的常识呢？

没有第一次的成功，自然也不会引来第二次的"幸运"。北面的厚墙挡住寒风，南面的玻璃引入阳光。不需要任何数学公式或物理定律，常识帮助旷野中的小屋冬暖夏凉。厚厚的"专业"图纸，不过是清晰地画出一堆常识，否则，毫无经验的记者夫妇怎么可能指挥工人建起第二个新家！

追根溯源，"尤松尼亚"的诞生正是建立在一连串"常识"的基础上，其中之一，就是思想家潘恩（Thomas Paine）著名的小册子《常识》（Common Sense），它在美国独立革命的炉火里投进了一大捆干柴。赖特崇敬的美国思想家爱默生（Ralph Emerson）说过："常识就像天才一样稀罕。"常识无往不胜，无处不在。常识之所以稀罕，只是因为它每每被垃圾掩盖。天才之所以伟大，只是因为他能够扫掉垃圾，戴上常识的神奇指环。

巴拉干之家：

作为自传的建筑 ①

我的建筑就如同我的自传一般。我所有的成就——如果那些能被称为成就的话——都流淌着我在父亲牧场上的回忆。在那里，我度过了童年和青少年的时光。我总是试图在我的设计中，使那些久远而怀旧的岁月与现代生活相适应。——1980 年，路易斯·巴拉干获得普利兹克奖后写道。

---

① 本文作者为王玄。

在 74 岁以前，从事了 40 多年建筑和景观设计的路易斯·巴拉干虽不是默默无闻，但还不是一个足以进入世界建筑史的角色。74 岁这一年，第一次有人写了一本专著来介绍他的建筑，像是要他总结自己的一生似的，与他进行了漫长的谈话。为巴拉干写书的人是艾米利奥·安巴斯（Emilio Ambasz），当时是纽约现代艺术博物馆建筑与设计部门的负责人，也是一位建筑师，一位"绿色建筑"的拥趸。他相信绿色与灰色，亦即景观与建筑同等重要，世界上的一切必将回归到大地的母体中，建筑也不例外。巴拉干的设计正是这一理念的践行，安巴斯为它们深深着迷。

路易斯·巴拉干

1976 年 6 月，在安巴斯的策划下，现代艺术博物馆用 60 多张彩色幻灯片展出了巴拉干的设计作品。展览介绍说，这位墨西哥景观建筑师在 20 世纪 40—70 年代的设计，位列世界上最优雅、最富诗意的建筑之列，然而它们却是第一次在美国展出。为期三个月的展览引起了很大反响，这个一直处于建筑潮流中心之外的墨西哥人开始走入公众的视野。与展览一同问世的专著，详细介绍了巴拉干的 7 项代表性作品，排在首位的，就是地处墨西哥城塔库巴亚区（Tacubaya）、建成于 1948 年的自宅和工作室。

作为灵感的经历

许多年后，当年老的巴拉干向安巴斯讲述自己的建筑灵感来源时，他精确地描述了童年时在瓜达拉哈拉农场中的生活：

> 我童年最早的回忆是我家在麻扎米特拉村附近所拥有的一所农场。这是一个与山丘相连的村庄（pueblo），有瓦屋顶和可以让行人躲避当地常有的暴雨的大挑檐。即使是土的颜色也是有意义的，它是红色的。在这个村庄里，分水系统是用粗原木制成的、用树杈支撑在屋顶以上 5 米高的窄水槽。水槽跨越整个村庄，到达各家的内院，流进那里石砌的池塘中。内院有马厩和鸡窝、牛棚。在外面的街道上有系马的铁环。当然，那条顶上已长满青苔的水渠到处滴漏，给村庄赋予了一种神话的氛围。不，没有照片留下。所有这些都只是留在我的记忆中。

1902 年，巴拉干出生于墨西哥哈里斯科州（Jalisco）首府瓜达拉哈拉的一个农场主家庭。父亲的农场，主要生产玉米，饲养马匹。农场的生活丰富，巴拉干时常和 9 个兄弟姐妹们一起骑马、演奏音乐、斗鸡、收庄稼。从小生长在一个富有的家庭，无忧的童年使他更容易保留对过去的美好印象，尽管某种程度上说，那只是一种极为普通的乡下生活而已。但这种美好的体验几乎影响了他一生的追求。

巴拉干在瓜达拉哈拉工程学院学习水利工程专业，1925 年毕业后，本想继续获得建筑学位，但父亲决定资助他去欧洲旅行。当年，巴黎举行了国际现代工艺美术展。这次展会是现代园林发展的分水岭，展出了许多新的园林设计，但绝大多数展品，巴拉干并不喜欢。其中，只有一个园林作品吸引了他，来自法国作家费迪南德·巴克（Ferdinand Bac）。

巴克是位诗人、作家、画家，热爱地中海文化，对建筑和园林都有研究，偏好单纯的形式和绚丽的色彩。巴拉干买下了巴克的两本书《迷人的花园》和《莱斯·格伦比斯花园》回去研究，发现巴克的地中海风格与墨西哥殖民时期的建筑相似，巴克园林的本土性让巴拉干对故乡那些朴素但不乏精彩的传统村庄、街道、庭院重拾兴趣。

两年的旅行中，他还游历了西班牙——深刻影响了墨西哥文化的国家。在伊斯兰园林阿尔罕布拉宫，植物、石头、水等元素穿插组织，形成了宁静而私密的园林风格，巴拉干着迷于建造者摩尔人的园艺智慧。

几年之后，在青年时代的第二次长途旅行中，他终于到达了摩尔人的故乡摩洛哥。

摩洛哥是一个色彩丰富的国家。包豪斯的色彩大师贝耶（H. Bayer）

晚年时去摩洛哥旅行后感叹：现在我终于可以安静地死去了，因为我已发现了色彩。巴拉干大概跟他有着相似的感受。这里的建筑与当地的气候和自然景观相协调，色彩和其他元素的运用取材于当地人的服饰、舞蹈、家庭生活。摩洛哥的当地建筑触发了他的童年回忆，在墨西哥的村庄和偏僻的小镇中，有白色的抹灰墙、宁静的天井和果园、色彩丰富的街道，以及村庄四周分布着的有阴暗入口的广场，显得谦逊而高贵。

摩洛哥由自然条件和本土文化生发的建筑风格启发了巴拉干，但他并未立即实践。20 世纪 30 年代，人口增长、城市膨胀的墨西哥社会急需大量低投入、高密度的住宅。欧美流行的国际式建筑运用钢材和混凝土等新材料，投资少、建筑快，在墨西哥迅速发展。同时代的著名建筑师维拉格伦、奥戈尔曼等人都创作了大量国际式建筑。1935 年至 1940 年，巴拉干也设计了 30 多座国际式风格住宅，这些房子像一个个用轻质混凝土框架做成的立方盒子，除了工业化制造的窗户，白色平滑的表面没有任何装饰。

直到一次偶然的机会，巴拉干发现墨西哥城南一块崎岖的布满粗犷火山岩的地方，极有潜力发展成为一个优美的居住区。"我被这美丽的地貌迷倒了，决定创造一系列花园，使其人性化，同时又不被破坏。我走在壮丽岩壁的阴影下，走在火山岩的罅隙边，突然惊奇地发现了一些小小的神秘的绿色村庄——它们被牧羊人称为'珠宝'——它们被岩层包围着，这些岩层瑰丽多彩。这是史前岩浆受到强风化作用而形成的。这些不经意的发现带给我一种感动。"

他亲自做规划，还设计了许多花园和一些装饰的小品，如喷泉、入口、格子架等。这就是著名的埃尔佩德雷加尔庭院。当墨西哥城正朝向柯布西耶所描绘的方向发展时，巴拉干的这个设计却更像田园城市思想的体现。也是从这时起，他决定放弃纯商业住宅，准备寻一处僻静之所作为住宅和工作室，开始真正的景观和建筑设计。

作为自传的建筑

殖民地时期，塔库巴亚区是新西班牙[①] 总督和富人们的居住地。墨西哥独立后的 100 多年间，作为首都的墨西哥城迅速地扩张、城市化，市区的人口激增和环境恶化使得有产阶级纷纷外迁，塔库巴亚区成为城市中相对贫穷的一部分，对公众失去了吸引力。在塔库巴亚区的一些旧街巷中，低矮的树木点缀着普通的二层住宅楼，并不张扬，许多住宅混杂着墨西哥本土与殖民地的双重风格，与正在兴起的都市高层建筑和卫星城相比，仿佛是另一个陈旧的时空。

巴拉干自宅就隐匿在老旧的街区里。房子的外观是整齐划一的石灰泥墙，除了嵌在墙上的泛黄的窄金属门，没有任何修饰。住宅外观为三层，实际上各个空间分布在 6 个不同的高度上，由 7 段楼梯将这些空间连接起来。

窄门开启，立即进入这个迷宫般复杂的空间。入口即是幽暗的走廊，走廊尽头的门厅中，有一段半开放式的楼梯，与住宅中的所有楼梯一样，

---

① 新西班牙是新西班牙总督辖区的简称，是殖民时期西班牙管理北美洲和菲律宾的一个殖民地总督辖区，首府位于墨西哥城。——编者注

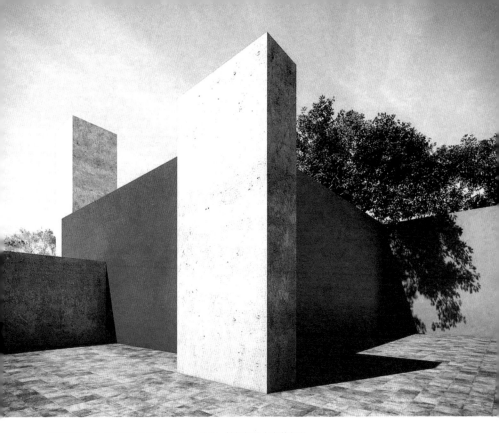

建筑师巴拉干惯于使用墨西哥玫瑰红、赭黄、铁锈红等丰富的色彩

没有扶手。起居室与楼梯口相对，通高两层，其中一整面墙嵌上落地玻璃，窗外是植物茂盛的花园。自然花园的设计不仅反映了他受巴克影响而形成的喜好，同时也是对现实的一种回应。

在机器时代之前，即使在城市的中心，自然都是人的可靠的伴侣……现在，情况被倒置了。人们见不到自然，即使走到城外也见不到。包裹在自己闪闪发光的汽车之中，他的精神已经带上了汽车世界的烙印，以致他即使处身自然之中，也仍然是一外来体。一块广告牌就足以将自然的声音窒息。自然变成了碎片的自然，人也变成了碎片的人。

　　起居室向里走是书房，窗户的设计截然不同。小小的窗高高架起，虽然临街，却既不能外望，也无法内视，使书房成为隔绝的空间。书房一侧墙上凭空出现了一段楼梯，通向夹层的工作室。只是那扇窄门紧闭着，仿佛从来没有开过。穿过书房的阳光房，通过洒下阳光的天窗，形成了室内与室外的过渡。走向楼顶庭院，发现这不是一个可以俯瞰街景的开阔空间，四面筑起围墙，使头顶的天空成为唯一的风景。

　　所有曲折和复杂的空间结构，都是为了隔绝外界、营造"宁静"而设计的。"它（宁静）是痛苦与恐惧最有效的解药。在今天这样一个时代，建筑师有责任将宁静永久性地体现在居住中，无论住宅是奢华或是简陋。"巴拉干说，现代生活打破的正是宁静。"日常生活变得太公开了。收音机、电视机、电话都侵犯了隐私。因此，花园应当是封闭的，不能暴露在外界的视线下……建筑师正在忘却人类对半光线的需要，这是一种存在于卧室和起居室内的能产生某种宁静感的光线。现在许多建筑中的——住房和办公一样——玻璃可以减少一半，这样才能使光的质地保证人们可以以一种专心致志的方式去生活和工作。"

　　防止结构复杂的住宅变得枯燥、单调的办法，是色彩。门厅的一整面墙完全被涂上了墨西哥特有的玫瑰红色，书房是柠檬黄。楼顶庭院颜色最丰富，玫瑰红、铁锈红、赭黄、蓝色，简直是传统色彩的集合。

　　墨西哥作家费雷尔在《色彩的语言》一书中说，墨西哥一直是一个

巴拉干自宅楼顶庭院

楼顶庭院四面筑起了围墙

充满了色彩的国家，"古老的墨西哥人每日所处的环境：湖泊、河流、植满蔬菜的湖滨菜园，所有这些，都融合在一个景象中，水的蓝色与庄稼的绿色，交织在一起"。紫红色和丁香花红来源于蓝花楹的花，土地的自然色则是他创作赭黄和铁锈红的素材。而最具代表性的墨西哥玫瑰红，在哥伦布到达之前的美洲，阿兹特克人就用它来装饰屏风，以备客人们参加节日和观看人祭时使用。

"即使是土的颜色也是有意义的，它是红色的。"巴拉干记忆中的色彩被他恰如其分地用在了自宅的建筑上。他应用这些色彩，但绝不是随意地使用。女艺术家希拉·希克斯（Sheila Hicks）曾回忆她从耶鲁毕业，跟从著名教授学了一大套色彩学之后，在工作中与巴拉干研究色彩的场景。

> 我们坐在楼梯的木板上，收集着满地的色彩图片。巴拉干一张一张地反复比较。他有极其丰富的藏书，也有很多彩色图片。巴拉干最后会挑出一些来说服我。他的墨西哥朋友比我的耶鲁教授更会使用红色。过一个星期，又研究黄色……客户吉拉迪说："他拿着那些色彩的卡片看着，他非常喜欢凝视那些色彩。有时在想事，手里还在触摸，好像手指也能摸到色彩的感觉。"

巴拉干在这些充满色彩的方形空间里精心设计的装置，看起来却是不经意的，所用的通常是日常物品：盛酒的罐子、墙上的圣像或者镀金板，甚至是一段绳子。酒罐专门用于盛放墨西哥龙舌兰，圣像代表着他

书房一侧墙边凭空出现了一段通往夹层的楼梯

光线充足的走廊

可供休息的阳光房

理想的居所：建筑大师与他们的自宅 ▌ 巴拉干之家：作为自传的建筑

通过起居室巨大的落地玻璃可以欣赏花园中的景色

虔诚的天主教信仰。阳光房通向楼顶庭院的门是马厩的马栏，与室内马的塑像、马鞭一起，构成了他对农场生活的怀旧。

这座自宅通过现代艺术博物馆的展出受到关注。4 年之后，巴拉干获得了建筑界最高奖项普利兹克奖。人们开始谈论他，并且试图将他的设计纳入已有的范式中。因为现代的许多经验表明，至少在建筑领域，美不再是一种神秘的东西，而成为可被量化、可被描述、可被归类的。

于是，巴拉干的设计成为极简主义的、地域主义的、受国际式影响的……但在他看来，值得警惕的恰恰是这些语词："建筑方面的出版物都抛弃了'美''灵感''魔法''着迷''魅力'这些词，以及'平静''沉默''亲密''惊奇'这些概念，然而这些才是根植于我们灵魂中的。"而他将过去的人生经验注入住宅中，无非就是去实现个人化的关于美的看法，去表现那些让自己着迷的东西。

巴拉干曾说："我信仰充满情感的建筑。"

建筑的目的就是体验情感的经历。巴拉干最欣赏的画家，同时也是他亲密合作伙伴的马蒂亚斯·吉奥利兹（Mathias Goeritz），在 1954 年出版的《情感建筑宣言》中对这种信念进行了阐述：

> 艺术是综合性的，建筑业也是如此，而且是一种自己的空间情感的反映。20 世纪人们受到了太多功能主义的冲击，受到了太多现代主义建筑中理性的束缚。我们这个时代的人，作为一个创造者，需要的不仅仅是令人愉悦、舒适的房子，我们更需要从建筑和现代的材料与资源中获得精神上的升华。一句话，一种情感的体验。这是当人们再次把建筑当作一种艺术时所获得的真正的情感上的体验。

李子林之家：

重新组合家人的生活 [1]

李子林住宅的外形像日本折纸，建筑师在薄薄的墙上打开四角门窗，将空间、视线、声响、行为以及人的情感紧密联系到了一起。

---

[1]　本文作者为黑麦。

流动的空间

李子林住宅因树而得名，房子周围的几棵李子树在建房时被刻意保存下来，陌生人路过宅院时，总会驻足观察一会儿这个不规则的六面体建筑。它几乎简白，四面均为无任何装饰的墙壁，窗洞可直视每间房屋的内部功能。在这个社区中，李子林房屋似乎用一种"半开放"的建筑格局"炫耀"着一家人的亲密关系。

李子林的建筑师是妹岛和世。在建造李子林住宅之前，这位爱穿平底鞋和川久保玲服装的女士已是日本建筑界的明星，建筑杂志也常常将她与伊东丰雄、安藤忠雄相提并论，因为在他们的作品中都不约而同地流露出对明净、空旷的迷恋。在建筑评论家看来，妹岛对于完整与闭合的形式有着近乎苛刻的癖好，她习惯于用或嵌套、或并置的各种完整几何形状来统领整个体量。

数年后，虽然普利兹克奖的评审委员会给了妹岛"流动"（Liquid）这个评价，但妹岛仍认为这种流动并非通过异质空间的转换形成的，而是完全通过同质的空间并置来强化的。在妹岛消解形式、消解范式的努力中，她将建筑立面塑造成平面直接拉升的结果，营造出住宅的"流动空间、冥想空间和沉浸空间"。

李子林住宅位于东京郊区，房子的主人是一对年轻夫妇、两个孩子和他们的祖母。妹岛和世在 2002 年接到屋主的委托，她说："拜访业主家的时候，那个屋子给我留下的第一印象就是狭窄的客厅被杂乱物品堆满，每个家庭成员的物品也零乱散落在各个房间。"

日本建筑师妹岛和世（右）与西泽立卫

妹岛认为，业主最初的想法有些不切实际，他们希望要一个规整的房间——一家人住在开阔的大空间内，然而基地很小，不足 80 平方米的占地面积是不可能做出这样一个大空间的。妹岛还了解到，家庭成员希望这个住宅能拉近一家人的关系，同时尽量保持房子周围的李子林。

在日本，尤其在东京，居住在大空间住宅是很多人的奢望，妹岛知道，即便把每个人的卧室空间压缩到最小，所剩的起居空间仍不能给人大的感觉。因此，她开始构想着一个随意堆叠的系列空间，用多个小空间堆满整个房屋，妹岛心目中理想的模式是：让这些小型内部空间彼此联系。于是，她向房主提出人数和房间数的对应关系需要调整，她认为住宅生活不应该只是每人拥有一个独立的房间和一个公共活动的起居室，而是应该在一个住宅中增加些可以停留、对话的地方。

大胆的构想，也生成了只放有长桌的空间，或是只有床的房间这样的图纸。如同妹岛一贯的"二维思路"，她的老师伊东丰雄也认为妹岛善用平面构想建筑，她似乎有一种"放弃形式和表现欲"的处理方式。而妹岛和世作为一个实用技术派哲学的拥护者，的确用李子林住宅阐释了"多解决一点问题，少谈一点主义"的个人建筑哲学。

"纸工般的外观"是妹岛的另一种建筑手法，李子林住宅的不规则超薄外观也符合这种特征。传统的混凝土和砖石材料会使墙壁沉重，空间也显得被挤压。妹岛采用了薄钢板外墙，使整个墙体的厚度保持在5厘米以内，同时通过屋顶的空调装置，满足居住的保温隔热要求。

随着墙体厚度的消失，相连房间的关系也随之变得轻巧，空间之间的绝对隔断变得模糊了，走道也成为房间内最为微妙的一部分。在委托者看来，这样的改变不仅节省了室内空间，而且拉近了居住者之间的距离。这种轻盈的建筑语言是妹岛从伊东丰雄那里学到的，1981年起，她在伊东的事务所工作了7年，并逐步凝练成一种极少主义的自我风格。

在妹岛看来，"极简"解放了繁复的色彩和材质，使设计师能够抛弃其他因素的干扰，将建筑简化成光线、空间、体量等基本元素，实现设计者内心深处的追求。妹岛把自己定位于"更接近年轻一代的建筑师"，她认为，"少一些抵抗，多一些放松和冥想才能摆脱现代主义的桎梏"。

重组生活

除了对结构和空间的关注以外，妹岛在设计中还将更多的注意力投入家庭成员中的交流以及起居中。她认为，不同的居住者，需要不同的空间，因此，妹岛并没有像过往那样布置起居室、卧室。她只是先确立了卧室的位置和床的大小，而后，她故意多做了一间卧室，作为客房或是为了某位家庭成员"换个环境"而用。

妹岛认为自己只是重新组合了这一家人的生活需求。在观看房屋模型时，业主的小女儿曾经对妹岛说："如果我和弟弟的房间之间有个串子，就可以在这里对话了。"这句话给妹岛留下了深刻的印象。最终，房间作为单一功能空间留下，其余部分完全可以根据家庭的喜好和需求去塑造。

妹岛质疑传统家居观念对家庭人际关系的限制，它认为李子林房屋可以在相互交往之中重新给出家庭的定义，这种"非理性"建立在对传统的重新审视和动态的空间之上。同时，妹岛在设计中设法保留了一种逃避的选择，人们可以根据心情来选择彼此的距离。

李子林住宅中有很多不规则的"洞口"，这些窗洞削弱了白色建筑的厚重感，似乎也改变了房间之间、室内与室外的关系。从窗洞不仅可以看穿一层层的空间交错，视线也可以从屋内延伸至户外。妹岛似乎对制造某种情景关系非常感兴趣，她认为这种"纽带窗"拉近了人们之间的距离。

妹岛和世设计的李子林住宅外观

　　原本简单的窗洞成了强有力的空间维度的纯粹表现形式，妹岛将原本独立的空间用种种方式串联起来，在其中传递着视觉、声音及气氛，让模糊不清的空间界限变得"暧昧且温暖"。这是妹岛建筑所追求的二维化和窗洞所构成的三维之间的对比与反差，它亲切地反映出对居住者行为的关注与尊重，这似乎也成为妹岛建筑最打动人心的地方。这种建筑的"非厚重感和非明确感"，使"窗"的做法成为让空间流动起来的重要手段。

　　妹岛和世的建筑并非庞然大物，她把能量大多释放在建筑的内部。《建筑以前、建筑以后》一书这样归纳李子林建筑的特征：它的墙体超薄；各个房间的门开得不同寻常，有好多门洞没有门扇。没有交通空间，公共空间成为通道。内窗系统使各房间的关系近乎彻底改变，特别是二层的书房开窗及卧室和静思室之间的跳窗设计。三层均有卧室设计……

这样的设计似乎使一家人的关系变得更加紧密，而事实上，每个家庭成员也多了审视这个家庭的位置。

第二部分 △

自宅与自在——

抚慰存在之所

梅尔尼科夫自宅：

构成主义的双塔恋人 ^①

"科瑞沃尔巴特斯基巷的一对恋人，用双层塔紧紧相拥，披着菱形披风，对令人难堪的咒骂毫无反应……"大概是接受过建筑学教育的缘故，苏联诗人安德烈·沃兹涅先斯基描绘建筑的笔触感性而不失精准，其笔下这对"双塔恋人"就是苏联著名建筑师康斯坦丁·梅尔尼科夫的自宅兼工作室。

圆形舞台与菱形披风

这座修建于 1927—1929 年的双圆柱形塔楼，被认为是构成主义的经典作品，坐落于莫斯科科瑞沃尔巴特斯基巷，披着它那充满个性的"菱形披风"，接受着全世界现代建筑爱好者的膜拜。

梅尔尼科夫自宅的两个圆柱中，较低的正对着街道，展示在外的当然不是单调的水泥墙面，它赋予这里舞台的气质。面向街道的墙面被大块大块的玻璃所取代，这样用相连的玻璃组成的幕墙，让人自然而然联想到舞台的幕布和后面即将上演的精彩故事，关于家庭，也关于艺术。

透过玻璃幕墙，住宅的客厅得以完整而精致地展现，当年人们经过科瑞沃尔巴特斯基巷的时候，不知道是否能看到这位现代主义大师充满个人特色的"表演"。这种设计给建筑的主人带来温暖和开阔感，从屋内的角度看，夏日的午后，屋外暖暖的阳光照在地毯上，墙壁上的画作显得更加真切，窗边摆着植物和舒适的椅子，窗外的大树随风摇曳。梅尔尼科夫应该是钟爱这种设计的，他为 1925 年巴黎世博会设计的苏联馆，也使用了这样的玻璃幕墙，获得了法国评判委员会授予的最高奖，并且被认为是构成主义在建筑实现中的经典。

让很多人印象更深刻的是建筑的背面，60 扇菱形的六角窗分布在两个圆柱体表面，梅尔尼科夫为它们设计了三种不同的窗框，每一行使用相同的设计，显得别致而整齐。这些六角形的窗户成了这座建筑最具标志性的特点，所以，也有人觉得房子正面的"舞台"显得普通了一些，真正出彩的在于菱形"披风"。

苏联建筑师康斯坦丁·梅尔尼科夫的自宅。它由200多个菱形蜂窝结构组成，用料十分节省

　　这些独具风格的六角窗让室内拥有更好的采光，窗体的形状和分布都经过仔细的考虑，在55平方米的工作室里，有38个六边形的窗户为这间屋子提供自然光，光线从不同方向照射进工作室，这给建筑师的创作提供了一个无与伦比的照明条件，手的影子遮住图纸的部分被最大限度地减小，让人想起了手术室中使用的无影灯。唯一的例外出现在客厅，那里增加了一扇八角形的窗户，这让光线从另一个角度照进屋里。

　　实际上，不仅仅是窗户，整座建筑都是由这样六角形的蜂窝结构组成的，自上而下共200多个，全部由砖块砌成，这200多个蜂窝结构，就是组成建筑墙体的基本单元。梅尔尼科夫在用料上十分节省，当时苏联所配给的建筑材料都是定量的，并且仅限于砖块和木材，材料供不应

梅尔尼科夫自宅内部的工作室

求，他用精巧的设计成功应对了当时材料不足的窘境，那些没有被镶上玻璃作为窗户的，都被泥土和废料填满了。

基于同样的原因，梅尔尼科夫又设计了全木质的天花板：一个由板条构成的矩形网格水平厚木板，这样的设计既不需要结构支柱，也不需要水平大梁，很好地节省了仅有的建筑材料。建筑整体上的造价相当低廉，使其不仅在造型上被人津津乐道，更在经济性上充分地切合了苏联在新经济政策时期的"政治正确性"。

新经济政策结束之后，大量土地被收归国有，这个容纳梅尔尼科夫一家人生活和他艺术创作的"双塔恋人"也面临被征用的危险。他向区委员会提出了土地保留申请，但这样的申请在当时是很难获得当局的同意的。不过有惊无险，梅尔尼科夫最终还是成功地保住了自己的房产。一位参与审查的专员说："我们可以随时随地建造公共建筑，但如果我们拒绝梅尔尼科夫的申请，我们或许永远也见不到这样一座独特的住宅。"

从稻草屋到"双塔恋人"

与他 37 岁时开始建造的自宅相比，梅尔尼科夫童年的居所显得逼仄了很多。这个拥有五个孩子的家庭挤在一个稻草屋里，父亲受雇于莫斯科农科院，母亲是一位农民，每日辛勤劳动以摆脱贫困。后来，一家人终于搬到莫斯科北郊，拥有了属于自己的安静小屋。

梅尔尼科夫是个恋家的人，13 岁的时候，他结束了为期两年的基础教育之后，到马里纳罗夏的一家肖像工作室学习，但是因为想念家人中

梅尔尼科夫自宅位于二层的客厅

途跑回了家，之后再没有回到画室。有家人相伴当然是一件温馨而幸福的事情，成年之后的梅尔尼科夫成为一名建筑师，喜欢在家里工作。也许是对稻草屋有深刻的记忆，他一直渴望建造一套理想的住宅。这个理想的住宅还要承担工作室的职能，不仅仅有充足的空间，能够容纳他的家庭、建筑设计以及绘画作品，同时要有良好的采光以满足工作需要。

1927 年，梅尔尼科夫的事业开始进入一个黄金时期，之后的两年里，他接连设计了 7 个工人俱乐部，其中有 6 个中标。他说："从 1927 年开始，我在这个领域的影响越来越显著，以至于发展成为一种垄断地位……"也就是在这个时期，他拥有了足够的资金来实现他建一座理想住宅的梦想。那时候，很多经济条件相对富裕的苏联人都希望能拥有自己的房子。

对这所房子而言，委托人不再是别人，而是自己和最爱的家人。梅尔尼科夫是居住者也是设计者，他可以完全按照自己和家人的想法来提出需求，同时，他也负责设计图纸来满足这些需求。而他在建筑风格上唯一需要关照的，仅仅是自己的品味，这样几乎不受任何局限的设计方式，注定了这套理想住宅将成为一件充满个人特色的艺术品。

蓝图从 1920 年开始就在梅尔尼科夫的脑中开始谋划，虽然当时以图纸形式成型的仅仅是壁炉的设计。正如俄国一句俗语说的："设计一间房子，是从壁炉开始的。"他最先想好的部分就是位于起居室的白色壁炉。而在房子的外形上，梅尔尼科夫应该是颇费心思的，图纸经历了一系列的变化。最初，房子的平面图上所呈现出来的是一个普通的正方形，后来演变为一个圆形和一个蛋形。最终，梅尔尼科夫决定使用的造型是两个相交的圆柱体。

这个想法其实早在 1925 年就已经清晰，当时他提交的朱耶夫工人俱乐部竞赛方案中就运用了圆柱体相交的理念，但是最终的胜出者并不是他，而是另外一位构成主义建筑师伊利亚·戈洛索夫，他使用了圆柱体的玻璃走廊。梅尔尼科夫把圆柱体相交的理念发挥在了自宅的设计中，由他自己来做双塔的真正主人。也有人把这种独特的造型理解为是两个交叉的环形向上、向下的空间能量传递，然后才形成了三维空间，如此更符合构成主义强调的空间中的势，而非传统雕塑着重的体积量感。

1927 年，梅尔尼科夫终于可以按照他所积累的设计蓝图，开始着手建造这所自己用来生活和工作的房子。得益于圆柱形的设计，房屋内部的线条显得圆润而柔和，没有直角，这增加了建筑的有效面积。

"构成主义"与特立独行

尽管梅尔尼科夫被认为是构成主义阵营，但是他一直特立独行，不受任何风格流派或者艺术团体的规则所禁锢。他反对将所谓的"方法"用在建筑设计中，强调直觉的重要性，并且认为直觉和建筑所有应负载的社会意义在设计中的地位是一样重要的。

"十月革命"之后，传统的艺术教育体系逐渐解体，新的艺术院校俄罗斯高等艺术与技术工作室在 1920 年成立，此时正是构成主义在苏俄兴盛的时候，艺术被赋予为构筑新社会而服务的任务。艺术家们认为，传统的艺术概念需要在新的社会形态下被抛弃，与之相对应的是大量生产和工业，对于俄国的建筑师而言，"十月革命"之后，整体社会环境也提供了构成主义在建筑学上实践的机会。

梅尔尼科夫与伊利亚·戈洛索夫组成了工作室，被称为"新学院派"，与当时的"学院派工作室"和"左翼联合工作室"并驾齐驱。1924年，学院管理层将新学院派工作室合并到学院派工作室，这让梅尔尼科夫难以接受，便退出了俄罗斯高等艺术与技术工作室。之后虽然与其他的艺术团体有过联合，但是他再没有参与过公开的辩论，明确地与构成主义团体保持一定距离。

这就是梅尔尼科夫的风格，不愿意被认定为某一种固定的流派，他特立独行，保持自己的个人风格，不受任何局限，风格流派、艺术团体对其都毫无约束力可言，他仅遵循自己对于建筑的理解进行设计。他认为，与建筑风格相比，结构—空间的表现手段才是更为重要的，这样的观点直接影响了他对于建筑史的理解：所谓"风格外衣"的变换并不重要，在结构—空间的表现手段上的发展才是主线。

虽然如此，梅尔尼科夫仍然被认为是一位构成主义建筑师，人们欣赏他作品的同时，会自然地把他放在时代和风格的体系之中。1922年他提交的工人住宅设计方案《原子》使他首次进入公众视野，这个设计方案中单元排列的锯齿形状也成为其个人作品标识。之后的10年是梅尔尼科夫事业的高峰期，他设计了大量作品，包括工人俱乐部、展览馆和停车场，很多被人看作构成主义的精品。

在那个时代，工人俱乐部是苏联社会最为重要的群众性公共建筑，工人委员会在莫斯科地区颁布了30个工人俱乐部项目，莫斯科市内有

1927—1929 年建造中的梅尔尼科夫自宅

10座，其中5座由梅尔尼科夫设计。而工会作为委托方把整个方案直接交给他，并不做过多的干涉，这让梅尔尼科夫能够有机会完全按照自己的方式去设计和建造，他每一次的设计，都用不同的方式寻找主厅与其他房间的平衡。

他觉得，俱乐部应该是一种由多个会堂组合起来的灵活系统，在需要的时候，它们可以联合起来形成一个单独的空间。当时，建筑法规要求建筑物要设置大量的内部楼梯来满足消防疏散的要求，梅尔尼科夫把大厅和外部走廊连接在一起，这样既节省了室内的空间，也不违反规定。外观上看，这也给人留下深刻的印象。

在1933年之后，斯大林式建筑大行其道，建筑要为"赞美共产主义的理想社会秩序"做出贡献，当时盛行的建筑气势磅礴、高耸雄伟、富丽堂皇。现代主义已经被批判成为"资产阶级腐朽堕落的生活方式"，苏联的建筑师们经历了一个混乱地寻找出路的时期。

按照梅尔尼科夫的性格，他一定不会追随。由于拒绝接受这种"呈现强烈的意识形态特征"的建筑风格，他逐渐被当局安排至远离实际设计的岗位上，之后又受到激烈的批判，停止了建筑设计，在从事了一段绘画后转入教学工作。幸运的是，属于梅尔尼科夫的双塔自宅一直保留着，他和家人一直住在这里，这座"双塔恋人"一直陪伴着这个家庭，也算是那个特殊时代的一点安慰。1972年，梅尔尼科夫被授予功勋建筑师的荣誉称号，并于两年后逝世。

现在，这所有近百年历史的房子依然屹立在莫斯科的科瑞沃尔巴特斯基巷，它的保护问题受到关注，梅尔尼科夫的孙女曾表示担忧："旁边

梅尔尼科夫在自宅中

建筑的地下三层车库是最大的威胁，车库的墙壁会阻断地下水的正常流向，并让建筑受到冲击。"一家文化遗产保护基金会正在努力建立博物馆，以让这幢现代主义的杰作得到最好的保护，并带给更多的人以震撼。但当我们回顾梅尔尼科夫的设计初衷时，不得不说，也许他只是想给家人盖一所采光好的大房子。

参考资料：
刘文豹，《康斯坦丁·梅尔尼科夫：大众社会的独奏家》。

尼迈耶之家：

私人博物馆 ①

"柯布西耶说在我设计的建筑里他仿佛看见了里约热内卢的山脉，但是我更喜欢法国作家安德烈·马尔罗评价自己作品时所说的：'我一生珍爱之物，都在我的私人博物馆中。'"尼迈耶说。卡诺阿斯住宅就是他为自己建造的那座"私人博物馆"。

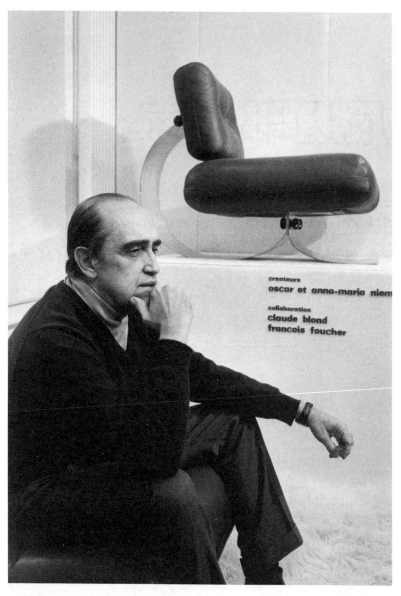

createurs
oscar et anna-maria niem

collaboration
claude blond
francois foucher

巴西建筑师尼迈耶。作为拉丁美洲现代主义建筑的倡导者，他经历了现代主义建筑发展的一个世纪

理想的居所：建筑大师与他们的自宅 ▌ 尼迈耶之家：私人博物馆

在与自然融合处

在 2012 年 12 月 5 日奥斯卡·尼迈耶去世之前，几乎每个慕名前去里约热内卢工作室拜访他的人，都不忘探访一下他曾经在卡诺阿斯区山谷中的住宅。直到去世之前一个月，这位 104 岁高龄的老人依然精神矍铄。他坚持每天早 9 点到晚 19 点、一周 6 天在事务所里工作。

为了方便，他就住在办公室附近"一座平淡无奇"的公寓中。卡诺阿斯住宅如今是奥斯卡·尼迈耶基金会所在地。虽然随着 1965 年尼迈耶流亡海外，他没有再回去居住，但这栋住宅更符合人们对一所建筑师自宅的想象与期待，它也充分展现了尼迈耶的建筑美学。

由里约市区开车前往，一路都行驶在大西洋的海滨，还要经过一段叫作"尼迈耶"的大道，那其实是根据尼迈耶的远亲、一位房地产开发商来命名的。由海边转向一条上山的小路，路两旁是遮天的棕榈树和别墅的高墙，山顶上可见红红绿绿的滑翔机在翱翔。1953 年卡诺阿斯住宅建造之时，这片山区只有它孤零零一栋房屋，后来逐渐成了富豪竞相建房之地。开车不能到达卡诺阿斯住宅跟前，必须要下车步行通过一条小径。

卡诺阿斯住宅就在一片葳蕤草木的掩映当中。它的周围长满了香蕉树和波罗蜜树，那些凋落的树叶经年累月为林间空地铺上了一层厚而柔软的地毯。尼迈耶十分喜欢植物，在 2000 年出版的个人回忆录《时间的曲线》中，他写到了年轻时总爱和妻子、女儿去附近的植物园散步：

我有时看着水池里大朵的荷花发呆，有时高大的棕榈树吸引了我的注意。我会停下来仔细阅读那些拼写复杂的植物名称，或者在本子上试图用几笔简单的线条描摹下植物的生长。很少人像我们这样坚持不懈地光临这里。我们每天上午 11 点准时到达，那时一天中最好的阳光正透过树枝缝隙倾泻下来。自然是那么完美，值得人类满怀敬畏……想想童年生活里那些果树的命运吧！杧果树、鳄梨树、嘉宝果树……它们后来都被连根拔起，取而代之的是充满机动车的街道和丑陋的高速路。

卡诺阿斯住宅充分体现了尼迈耶的"混凝土曲线美学"

周边的自然环境太美了，尼迈耶舍不得让住宅破坏任何天然景色。从正面看上去，它是一个具有优美曲线的单层玻璃房。四分之三的墙面都是透明的，居于其中的人近能观赏到花园，远能眺望大海。玻璃幕墙和一些纤细的黑色钢柱支撑起同样弯曲的混凝土平屋顶，这种奇怪的形状被当地人形容为"像个菜豆的豆荚"。

房屋门口游泳池也是曲线形的，池边立着一尊尼迈耶好友阿尔弗雷多·塞奇亚蒂创作的女人裸体雕塑。阳光下的一池碧水，与屋顶相互映衬。房屋和水池之间由一块巨大的岩石相连，奇妙的是这块岩石还穿透玻璃一直伸进了起居室里。顺着岩石的指引走进去，才发现石头遮挡住了一截通往地下一层的楼梯。

房子周围出现一块岩石，尼迈耶就让它自然伸展进起居室

由于地势是斜的，这个顺势下去的楼梯通往的不是一个暗无天日的地下室，而是一组看得见风景的卧房。房间的窗户被设计成向外凸起的飘窗，侧面不是常规的矩形而是梯形，这样室外的葱茏就被最大限度地引入室内。尼迈耶和他的家人也可以通过另外一个侧门直接进入他们的私密空间，不用经过楼上的开敞平台。

卡诺阿斯住宅让每个来过的人都印象深刻。意大利建筑师厄内斯托·罗杰斯永远记得夜晚降临卡诺阿斯的那一幕："那天太阳刚刚沉下地平线，我们置身于一片橘色、紫罗兰色、绿色和靛青色组成的绚烂晚霞中。空气中弥漫着植物的香气，虫鸣组成了一支狂想曲。"

美国建筑评论家迈克尔·索金将它和另一位德国现代主义建筑大师密斯·凡·德罗在1920年设计的巴塞罗那世界博览会德国馆做比较，"就好像德国馆在酸性溶液上面融化的样子，它自由流淌的空间是和密斯那种现代主义完全不同的风格，却同样有力"。

巴西现代建筑奠基者卢西奥·科斯塔的女儿玛丽亚·科斯塔称赞这座房屋"不仅可以用眼睛欣赏，还可以用耳朵聆听"。尼迈耶的建筑经常被比喻成一支活力四射的桑巴舞曲，或者一首活泼性感的博萨诺瓦。

批评的声音也从未止息。德国建筑师、包豪斯设计学校的创办者沃尔特·格罗佩斯称赞这里"美极了"，他唯一的疑问是："这样的建筑可以去复制吗？"对此，尼迈耶很不屑一顾。"简直是个傻瓜，就好像我真打算这样做似的！这难道不是因地制宜的结果吗？"尼迈耶后来在另外的场合还攻击过这支德国现代主义建筑学派："我讨厌包豪斯，那是建筑史上一个糟糕的时代。他们没什么天赋，所有的只是条条框框，连刀又他们都要弄出规矩来。毕加索就不会有那么多规矩。建筑就像机器？不！机器太丑了！规矩是最讨厌的东西，它就是用来被打破的。"

曲线的诱惑

尼迈耶在设计卡诺阿斯住宅时 46 岁，正处于建筑师生涯的成熟期。1907 年他出生在里约热内卢，父亲是一个有名的平面设计师，家境殷实。"我的母亲说我还很小的时候，就经常用手在空中指指画画。等到能握笔时，基本天天都画。"尼迈耶说。但他并不想成为画家，在父亲的印刷厂工作两年后，报考了国立美术学校的建筑工程专业。除了建筑方面的书籍，他平时涉猎广泛，喜欢哲学和诗歌，尤其酷爱读波德莱尔的诗。

1988 年他在获得普利兹克奖的时候说："我所有的建筑作品究其根源是出于对波德莱尔一个观念的信奉。这个观念就是：那些意想不到的、不规则的、突然的、令人惊奇的东西是美的核心部分和根本属性。"1934 年，尼迈耶毕业后选择在科斯塔的建筑设计事务所工作，跟随这位在巴西被视为现代建筑奠基人的大师工作，他不但学习到现代建筑的思想，也有了许多实践的机会。

尼迈耶事业的第一个转折点发生在 1936 年。他参加了科斯塔主持的巴西教育和卫生部大楼的设计工作。科斯塔聘请现代主义建筑先驱柯布西耶担任这个项目的建筑设计顾问。尼迈耶和柯布西耶进行了颇为深入的交流，并对柯布西耶描绘的新建筑的图景心向往之。柯布西耶评价这个热爱波德莱尔诗歌的年轻人："从一开始，尼迈耶就知道如何无拘无束地创作现代主义建筑。"

后来柯布西耶离开巴西，由尼迈耶继续主持项目。在这个作品中，尼迈耶将柯布西耶的理念化为一座朴素的高层建筑。在它的内部，充满各种曲线线条，外墙则装饰着海马和扇贝图案的浪漫非凡的瓷砖，在巴西的艳阳下显得非常有个性。

"巴西的建筑师，像所有当代建筑师一样受到柯布西耶的影响，但几年后就出现了另一种趋向……曲线搞得自由，跨度也很大……主要是由于我们的气候、习俗和感情与别处不同。"尼迈耶说。进入 20 世纪 40 年代，尼迈耶自己的"混凝土曲线美学"逐渐形成：用适量的曲线制造出的轻盈感，开辟出使建筑的主结构逐渐向某种未知形态过渡的想象空间，钢筋混凝土的曲面外壳与大量的仅在美学意义上有效的直线形成奇异的交错。

1943 年，在第一个他独立设计的位于贝洛奥里桑特市名叫"潘普利亚"的新型郊区住宅区域里，尼迈耶实践了这种美学观念。圣弗朗西斯科教堂是这组建筑中最大胆的尝试。弧线是这座教堂的唯一建筑语言。传统的梁柱楼板结构被混凝土薄壳结构取代，屋顶像波浪般展开，内部的两堵墙只是顶部的斜下延伸。不少评论家说这是一个回归巴西殖民时代巴洛克风格的建筑。

如果将卡诺阿斯住宅和尼迈耶 1942 年建造的第一处拉戈阿自宅来做对比，就更能看清楚尼迈耶在将现代主义建筑地域化上的探索。拉戈阿自宅最大限度地实践了柯布西耶的"新建筑五点"理论。它是一个屹立于陡峭悬崖之上能够俯瞰湖泊的立方体房屋。按照"五点"之一的"底层架空"原则，住宅底部有立柱支撑，这样住所就脱离了基地的限制，底层也被规划成长满花草的庭院。

二层的起居室和三层的卧室都有水平的条状开窗，这是遵循另外一条"横向长窗"的结果。从形式角度来看，住宅只有在底层与自然相联系，一旦进入二层和三层，外面的景色就好像是挂在墙上的图画，可以感受却不能进入。

尼迈耶十分谨慎地引入了巴西传统的建筑元素，比如白色的墙面、红瓦单坡屋顶以及蓝色木质百叶窗。等到10年之后，巴西风格的曲线则完全主导了卡诺阿斯住宅的样式。"我意识到平面会将内外世界隔离，曲面才能让内外沟通。"尼迈耶说。也是由于曲线形的、略微突出玻璃立面的巨大混凝土屋顶遮挡，起居室在夜晚就正好处于阴影之下，这样就解决了玻璃房里如何保护隐私的难题。"我喜欢通透的房屋，不想增加窗帘。"

曲线建筑的发展是和钢筋混凝土技术的日臻成熟分不开的，之前的混凝土在强度与弯曲韧性上还达不到要求。在巴西，钢铁是一种稀少昂贵的建筑材料，混凝土则便宜得多，一般工人就能胜任混凝土浇灌的工作。"混凝土允许任何事情发生。它允许我去追求一切纯粹的形式。它给了我一双不受任何拘束去创造建筑的翅膀，就好像去做雕塑一样。"尼迈耶说。他身边的工程师胡塞·卡洛斯·苏瑟金说："我们每次在一起讨论项目，尼迈耶的问题总是混凝土结构的极限在哪里，能完成多大弧度和跨度的创造。"

尼迈耶的工作团队里还经常有一些著名数学家的身影，包括巴西的若阿金·卡多佐和意大利的皮埃尔·卢吉奈尔维。他们帮助尼迈耶把自由伸展的空间之梦牢牢地固定在钢筋混凝土的稳定性之中，使得他的建筑在造型奇异的同时还以稳固结实著称。

"柯布西耶说在我设计的建筑里他仿佛看见了里约热内卢的山脉，但是我更喜欢法国作家安德烈·马尔罗评价自己作品时所说的：'我一生珍爱之物，都在我的私人博物馆中。'"尼迈耶说。卡诺阿斯住宅就是他为自己建造的那座"私人博物馆"。他在自传的扉页上用一段话解释了自己为何如此迷恋曲线：

> 吸引我的并不是直角，也不是坚硬的、顽固的、人为的直线条，吸引我的是自由、性感的曲线。那是我在祖国的群山中，在河流的蜿蜒流淌里，在大海的波浪顶端，在天空的云彩边沿，在完美的女人的身体上看见的曲线。曲线构成了全部的宇宙，一个弯曲的、爱因斯坦的宇宙。

尼迈耶还有句更简短的名言：形式追随女性。到他里约热内卢工作室拜访的人对这句话都会有直观的感受：他的工作室设在一栋奶油绿色的具有起伏波浪状立面的大楼顶层。这座楼在当地的绰号叫作"梅·韦斯特"大厦，梅·韦斯特是好莱坞凭借身材红极一时的明星，有一对异常丰满的乳房。

从尼迈耶的工作室能看见整个科帕卡巴纳海滩的景象，那些穿着比基尼在海滩漫步的女孩近在咫尺。一次德国建筑报道记者尼克拉斯·马克前来采访，追问他到底那座"私人博物馆"里都有什么心爱之物。"尼

关于设计，尼迈耶有句简短的名言：形式追随女性

迈耶没有回答。"他写道，"他转而在房间里搜索纸笔，说还是画画更容易解释。他问随行的女摄影师叫什么名字，她回答叫安。然后尼迈耶随手画了一个线条，看上去很像他最新设计的巴西尼泰罗伊博物馆门前那尊裸女塑像的轮廓。'我不知道你躺在沙滩上是什么样子，但这是我想象中的样子。'摄影师一下脸颊绯红。"

　　尼迈耶从未掩饰过自己对女性身体的热爱，那是他不竭的灵感来源。虽然他 21 岁结婚，和妻子安妮塔·巴尔多一直厮守直至 2004 年她去世，但他的风流韵事从未中断过。2006 年，尼迈耶 99 岁生日刚刚结束不久，他和在他身边长期工作的女秘书、60 岁的维拉·卡布雷再次结婚。英国爱丁堡大学视觉文化系教授理查德·威廉姆斯曾在 2000 年因为要写作一本巴西文化方面的书前来采访尼迈耶。"我惊讶于他表现出的'力比多'，要知道他已经 93 岁了。在他的桌子旁边挂着一幅日光浴者的照片，我们的谈话一次又一次回到了那幅照片的美学意义上。我想让他回到正题，似乎是件绝望的事。"

后来威廉姆斯将卡诺阿斯住宅作为他《欲望的空间》(*Room for Sex*)一书的案例。由于那片曲线柔美的游泳池和玻璃房，卡诺阿斯住宅成为当代许多 MTV（音乐电视）、电视和电影的取景地。在这些片子里，几乎无一例外地都有身着泳装的热带美女在池边或坐或卧，或在阳光下撩拨池水。"毫无疑问，卡诺阿斯住宅、科帕卡巴纳海滩以及里约热内卢的狂欢节一起建构了人们对巴西是情色天堂的想象。"威廉姆斯这样写道。

乌托邦的梦想

1953 年，卡诺阿斯住宅建好之后，尼迈耶和家人搬到了这里。这个僻静之所不久就成了文化圈名流经常聚会的地方。1956 年 9 月的一个清晨，卡诺阿斯住宅来了一个特殊的客人——刚刚上任的巴西总统库比切克。两人结下友谊是在"潘普利亚"住宅区建造的时候，那时库比切克是贝洛奥里藏特市的市长。

总统激动地对老朋友说："我将为这个国家建造新首都，而我需要你的帮忙——奥斯卡，这次我们将一起创造巴西的首都！"库比切克决定把巴西的首都从东南沿海的里约热内卢迁到中部高原上的一片荒凉之地，以带动占国土面积一半以上的中西部高原实现现代化。那时候的巴西处于经济腾飞、文化繁荣、言论自由的盛世，文学领域的"具体诗歌"、音乐领域的博萨诺瓦、电影领域的"巴西新电影"都出现在这个时期。巴西人民在工业现代化和文艺现代主义两个维度上同时飞奔，梦想着巴西能够迅速崛起为大国。

尼迈耶欣然应允，因为这一计划也高度符合他的老师柯布西耶在其《灿烂之城》一书中所表达的观念——现有的所有城市都是垃圾，混乱、丑陋、毫无功能性，必须从零开始按照严格的功能规划和非凡的美学诉求缔造全新的城市。

科斯塔执掌新首都的整体规划，尼迈耶负责设计其中主要的公共建筑。为了建设新城，尼迈耶离开了卡诺阿斯住宅，搬到了巴西利亚的工地上。"我和一些来自巴西东北部的被称为'甘坦戈斯'（Candangos）的建筑工人一起住在简易房里。一张床、一个壁橱、一个小盒子、一张沙发、一张桌子以及四把椅子，那就是房间里可见的全部。"那段时间尼迈耶工作辛苦又很快乐，"我们和工人们一起跳舞，去同一家小酒馆。那是一个解放的时刻。似乎一个新的社会正在孕育而生，所有传统的藩篱都消失了。"

1960 年 4 月 21 日，库比切克在这座城市的落成仪式上将职位转交给了下一任总统。也就是说，巴西利亚从开始建设到落成仅用了三年零一个月。

尼迈耶将脑海中更多的曲线建筑化为现实：巴西国会大厦，意为"人"（Humano）的 H 形主楼的前面是两个巨大的碗状曲面，向上的碗是众议院，象征民主，向下的碗是参议院，象征集中，而 H 形主楼中缝的

"一线天"恰好可以看见其后的国旗塔；巴西利亚大教堂，由数根纯白的弯曲立柱支撑出一个标准的皇冠形建筑，立柱之间是大片大片的彩绘玻璃，进入它的道路要经过晦暗的地下，但只要一走进教堂，任何一个角落都洒满了耀眼的阳光；总统官邸曙光宫，离奇的曲线外饰颇似一条条吊床相连。除了巴西利亚大教堂、三权广场，巴西利亚大多数建筑都刻上了尼迈耶之名，走在巴西利亚街头，你甚至会有些"尼迈耶审美疲劳"。

1987年，这座年轻的首都启用不过27年，就被联合国教科文组织列入了世界遗产名录。它给尼迈耶带来了巨大的声誉，让他成为巴西家喻户晓的人物。

然而晚年的尼迈耶对巴西利亚充满了失望。当年，他把巴西利亚城区内的居民小区都设计成外观没有任何差别的楼房，因为他是巴西共产党党员、一个根深蒂固的拉美左翼知识分子，他认为所有这些居民楼都应该是国有的，国家把它们租给在首都工作的人员，不管是部长还是清洁工，都应该平等地住在这些居民楼里，不能有穷人区、富人区之分。

就在迁都4年之后，巴西进入了长达20多年的军政府时期，独裁者们摈弃了尼迈耶的初衷，在巴西利亚市内那个巨大的人工湖帕拉诺阿湖南北分别开辟了南湖区和北湖区两个富豪别墅区，并把30万兴建巴西利亚的底层劳动者全都赶到了数十公里之外破败的卫星城去定居。当巴西利亚庆祝它建成50周年纪念日的时候，102岁的尼迈耶看着电视直播黯然神伤。"新首都巨大的社会分裂让我痛心。"他说。

至于卡诺阿斯住宅，尼迈耶和家人没有再回去居住。"父亲去建设巴西利亚后，房子一下清冷起来。那又是当地唯一一栋住宅，生活很不方便，我和母亲就搬到科帕卡巴纳的一处公寓里了。"尼迈耶的女儿安娜回忆说。她后来也成为一位著名的设计师。之后军政府上台，尼迈耶被迫离开祖国流亡欧洲，直到 1985 年才重新回到里约热内卢。

今天，卡诺阿斯住宅中的陈列还没有恢复当年那富有生活气息的情景，而是在木质墙壁的基调上，配上一些尼迈耶在巴黎流亡时期亲自设计的经典家具：起居室里有一张沙发，两把 1978 年设计的具有未来风格的"ALTA"休闲椅，一张尼迈耶饭桌"Pau-Ferro Wood Table"（1985）以及一张躺椅"Straw And Wood Chaise"（1974）。楼下的卧室里还有一把名为"Rio Chaise Longue"的摇椅，这是他和女儿在 1987 年共同完成的。

在 2010 年的圣保罗双年展上，巴西独立电影导演塔玛·圭玛雷斯放映了一部 12 分钟的短片《卡诺阿斯》。它就在卡诺阿斯住宅完成拍摄，片子的创作灵感来自她第一次来住宅参观时联想到的在巴西文艺的黄金时代穿梭于此的香衣鬓影。短片围绕着一次卡诺阿斯住宅中的鸡尾酒会展开：其中既有酒会上跳着桑巴舞的社会精英们关于巴西种族和阶级关系的调侃，也有房子里服务生之间的讨论，借此说明正是这些隐匿于现代主义体制背后的工人维系着此类高雅文化的存在。

不过和短片中的批判有所不同，卡诺阿斯住宅在当时的另一惊世骇俗之处是它没有为用人设计单独的通道和出口，并且它的墙壁和房顶一度还刷成了黄色和红色，用来向里约热内卢那些壮观的、五颜六色的贫民窟致敬。尼迈耶从小就为家里用人被不公平对待感到耻辱，正像巴西利亚城市建筑的设计一样，这处卡诺阿斯住宅也寄托了他众生平等的乌托邦梦想。

参考资料:

胡续冬:《100 岁的奥斯卡·尼迈耶:越老越神奇,越老越强硬》。

Michael Kimmelman .The last of the Moderns, New York Times.

Oscar Niemeyer. The Curves of Time.

Oscar Niemeyer.A Legend of Modernism, edited by Paul Andreas and Ingeborg Flagge.

波尔多住宅：

给予使用者
温暖与自由 ①

我不再想要一个简单的房子了。我想要一个复杂的房子，因为这间房子将定义我的世界，一切都围绕我的方便来服务，给予我最大的温暖和自由。

---

① 本文作者为丘濂。

关达洛普·阿西多女士手里握着吸尘器，从一个放了扫帚和塑料水桶的平台上缓缓升起，身后的背景是一片巨大的书架。这个奇怪的情景发生在波尔多住宅，是纪录片《库哈斯作品里的生活》中的第一幕。接着镜头跟随这位管家开始了一天的清洁打扫工作：换床单、抖垫子、整理散乱的图书、清洗水槽里隔夜的咖啡杯。

"这个椅子要斜着摆在客厅中间，如果摆正了，女主人还要专门把它转一下。"她说，"你瞧，窗外的风景多美啊。可是这个窗户太高！"她踮起脚，眯起眼睛看着外面被风拂过的森林。阿西多胖胖矮矮的，穿着一件宽松的波点衬衣，说话絮絮叨叨，带有明显的西班牙口音，看上去就像阿尔莫多瓦喜剧电影中走出的人物。

"理疗师和护士会在这里等他，然后大家一起吃饭。家里总是有很多朋友。你知道，这座房子就是为他设计的，一切都围绕他的方便来服务。后来，大家都很伤心，我很少听见女主人笑了。"阿西多说。房子主人一直没有在片中露面，直到结尾，才能远远地看到一个红色的身影关灯下楼，一切归于黑暗和寂静。这不免让人好奇。房子的使用者是什么人？住宅又为何这般量身打造呢？

1988 年，尚·法朗索瓦·勒摩安与他的妻子有意重新建造一栋房屋。勒摩安是法国《西南报》的主编。这家创立于波尔多的报纸是法国第三大的地区日报，勒摩安从父亲手上接管了这个家族企业，是个富有的年轻人。

正当他们筛选设计师想要沟通建房方案的时候，1991 年，勒摩安遭遇了一场严重的车祸——他险些丧命，几乎成了植物人，以后的日子需

波尔多住宅坐落在离波尔多市区 5 公里的一座小山上，能看到市区全景和流淌着的加龙河

要在轮椅上生活。老房子对他来说好比一间囚室，他无法自如地活动，造屋计划必须抓紧提上日程，这样才能让他重获自由。"我不再想要一个简单的房子了。我想要一个复杂的房子，因为这间房子将定义我的世界。"勒摩安先生有这样一个基本的愿望。

　　机缘巧合，他们找到了库哈斯和他的位于荷兰鹿特丹的大都会建筑事务所。那时库哈斯还没有明星的光环，事务所也还未成长为"建筑家族的祖母"。勒摩安夫妇买下了距离波尔多市区 5 公里的这座小山。它的好处是被一个英式自然公园所环抱，能看到波尔多市的全景和缓缓流淌的加龙河。也是因为它位置黄金，这里的住宅受到一定程度的限制，比如建筑超过地面的高度不能大于 9 米，不能刷有鲜艳的颜色进而破坏波尔多河谷的和谐景观。

　　库哈斯将在这片土地上完成他的创造。"他和他的同事们来过这里很多回，不仅为熟悉环境，也为了解我们的需要。"勒摩安夫人回忆说。库哈斯给出的方案是一座由三个模块交叠在一起的房子，好像三明治一般。

库哈斯设计的波尔多住宅是一座由三个模块交叠在一起的房子，好像三明治一般

　　最底下一层结合地势，埋于山体内部，有如洞穴。这里有管家阿西多居住的房间、厨房和浴室，也有储物间和家人休息室等，是一处比较隐蔽、不会被打扰的地方。它和一片下沉院落相连，院落前面还有一排单层的辅房，安排了储物间和工具间。中间层是一处通透的玻璃房，用作起居室和餐厅，从这里望去，整个波尔多风光尽收眼底。

　　顶层是夫妻以及三个孩子各自的卧房。这一层的墙壁上开了许多个大小均一的圆洞。从里面看它像是轮船的舷窗，从外面看这一层就好比一块瑞士奶酪的切面，又因为底下一层是透明的，"奶酪"仿佛悬浮在空中。这些圆洞不是随意开的。它们处于循环路线的端头，并且高低位置与轮椅上视线高度、女主人以及孩子们站立高度相吻合。夫妻主卧的圆形开窗正好朝向户外的露天泳池。晃动的水面经常会给房间带来一种跳跃的光芒。

尽管残障人士对住房有一些特殊的需求，但很少有建筑师关注到这个特别的群体，更不用说在满足他们要求的同时还发挥想象力。以往的先例比如美国建筑师麦可·葛瑞夫的自宅。他在 2003 年因为细菌性脑膜炎腰部以下瘫痪后，便将 1977 年建造的在普林斯顿的住宅重新装修，让轮椅在室内行走得更加方便。这种重装其实没有改变室内的主要格局。

还有像美国建筑师查尔斯·摩尔为体育用品商人戈登·刚德在 70 年代设计的住宅，以适应他因色素性视网膜炎而失明的状况。摩尔还是用"安全至上"的传统思维来考虑，设计方式包括用了大量保护性的栏杆、有明确指引的室内行走路线和切成斜面或圆角的转弯等。如此看来，波尔多住宅就有它非同寻常的意义。

住宅里最大的特色就是位于中央区域的升降梯。它是一个 3 米乘 5 米的开敞平面，可以自由地在三层空间中上下移动。当它锁定在某一层的时候，升降台就和该层地板完全相连，景观随之改变。有一面三层通高的书架在升降梯之后。它上面有勒摩安先生可能需要的所有东西——书籍、艺术品以及产自波尔多的葡萄美酒。

书架墙的对面一侧、电梯的平台上有一个书桌，勒摩安先生仍然掌

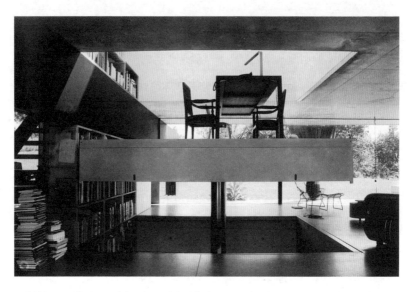

升降梯在三层空间中上下移动，使得因车祸受伤的男主人去到住宅任何一个位置都畅通无阻

升降梯之后有一个三层通高的书架，放了男主人喜欢的书籍、艺术品和美酒

理想的居所：建筑大师与他们的自宅 ▍ 波尔多住宅：给予使用者温暖与自由

管着家族报纸的采编和经营，他需要每天在这里完成决策。升降梯的设计使得勒摩安先生想要去住宅的任何位置都畅通无阻，更重要的是它强调了男主人在家庭中绝对的中心地位，一场车祸后他仍然是这个家里经济收入与精神情感的支柱。

安装升降梯的灵感，来源于库哈斯对现代都市中摩天大楼的研究。60年代库哈斯从报纸专栏作家兼剧作家转行进入伦敦建筑协会学院学习，接着去了美国康奈尔大学深造，再到纽约建筑与城市研究所当访问学者。1978年，他出版了《疯狂的纽约：曼哈顿的回溯宣言》一书，探讨都市文化和生活本质，这成为他建筑理论方面的奠基之作。

> 摩天楼是19世纪80年代电梯与钢结构邂逅时崛起的……它带来的是一个基于没有节点的美学法则和一种垂直分裂术。对比古典建筑与现代建筑通过节点连接各组成部分，摩天楼仅通过层数重复就被界定成一个整体。

库哈斯对垂直方向连接所带来的剖面完全自由很感兴趣，这种策略被连续用到之后的建筑中，像是在1989年他设计的卡尔斯鲁厄艺术与媒体科技中心中，建筑各楼层，包括屋顶花园，均被坡道联系了一起。还有他在1992年为巴黎朱苏大学设计的图书馆，每层的楼板就像是一种柔软的织物，被库哈斯向上翻折，连接了地面与屋顶、建筑与城市。当这些手法被尾随而至的建筑师抄滥之后，库哈斯就在波尔多住宅中回到了电梯最初的角色上，只不过它不再作为楼板机械连接的手段，而是一

荷兰建筑师雷姆·库哈斯早年设计过一些充满人性关怀的住宅作品

理想的居所：建筑大师与他们的自宅 ▮ 波尔多住宅：给予使用者温暖与自由

种功能与空间组合的机制。

"1998 年勒摩安一家人搬进去的时候，他们组织了暖房派对。我还记得在他们大女儿路易丝的房间里，堆满了厚厚的书，它们还没来得及被放到架子上去。当时我还有点担心，觉得这栋房子注定是要成为公众关注的对象。路易丝正是青春期的年龄，应该最注意隐私保护，她会不会比较反感呢？"《赫芬顿邮报》的文化专栏作家帕翠亚·佐恩说。她是来参加派对的客人之一。帕翠亚的担心完全是多余的。

"我们很快就学会了分辨'家'和'房子'的区别。在里面成长很有意思，因为每天都能参与使用房子的各种功能。"路易丝说。这栋房子的创意之处还有很多，比如住宅入口处有一根立在地上的柱状灯，不仅在晚上用来照明，其实还是一个自动开门的装置，把手放上去，门就会徐徐打开——这个装置就让孩子们乐此不疲地玩了很久。"在房子里你还要很小声说话才能保得住秘密。爸爸车祸之后也几乎失声，所以房子里总是要保持安静，这样他说话大家都能听见。"路易丝说，她将这些都看作有趣的事情。

2001 年，勒摩安先生还是过早地离开了人世。这一度让房子蒙上了一层荫翳。不过，波尔多住宅很快就恢复了以往的热闹。勒摩安夫人和孩子们住在里面，偶尔也有游客前来参观。这所巨大的房子常年需要人来维护，包括擦玻璃的、修剪草坪的、检修电路的等，当然还有只在周末才回家的管家阿西多，她不自然间流露的幽默经常让旁边的人忍俊不禁。

"我见过库哈斯啊！他有一对大招风耳，就好像一对天线一样，什么都能听到，整天都在抱怨周围吵死了，吵死了！我和他说我在西班牙从母亲那里继承了两块土地，'你能不能帮我设计个房子？'他没有理我。然后他给我衣服去洗和烫，说：'谢谢了，关达洛普！'我说，我才不要谢谢呢，我要房子的方案！"

让阿西多成为《库哈斯作品里的生活》一片的主角正是路易丝的决定。她现在是一位建筑评论家，也是这部纪录片的导演，后来陆续又拍了一系列"名建筑师住宅里的生活"。在波尔多住宅的成长给了她创作的灵感：告诉人们住房如何改变居住者的生活状态，比把它当作一个旅游景点来呈现更有价值。

在波尔多住宅之后，库哈斯很少涉足私人住宅领域。也许报纸记者出身的原因，公共建筑不断成为他发掘和制造事件的方式。尤其在中国，人们更把他和充满争议的"奇奇怪怪"建筑相联系，忘记了这位建筑师早年间那些真正以人为尺度的、充满温情的住宅。

参考资料：
孙亮：《莱姆·库哈斯的建筑创作理念研究》，硕士论文。

辛普森－李住宅：

让自己安心的山洞 ①

莫卡特在获奖致辞的结尾处说道：在建筑教育中，总是强调创造如何重要，而我并不相信所谓的创造。我承认，存在某种创造的过程，然而这种行为的本质是发现。作为建筑师，我们的角色始终是发现者。

---

① 本文作者为杨鹏。

五月明媚的阳光照着古城罗马，在米开朗基罗设计的卡比托利欧广场前，正在举行 2002 年"普利兹克奖"的颁奖典礼。这个由美国的普利兹克家族设立的大奖，自 1979 年以来，每年颁给一位成就卓著的建筑师或者一家事务所。高额奖金和此前许多获奖者的名字，使它吸引了越来越多世界各地建筑师的目光。一位身材不高、六十多岁的男士走上讲坛，他就是本年的获奖者，澳大利亚建筑师格兰·莫卡特（Glenn Murcutt）。

澳大利亚建筑师格兰·莫卡特

安宁隐居的乐园

莫卡特慢条斯理地发表获奖感言，看上去很像一位退休的中学教师。透过金丝边眼镜的目光，并没有得奖建筑师通常会有的"气场"。事实上，不仅是相貌和气质，从许多更实质的角度衡量，他身上有太多"非典型"的特点。

他的"事务所"只有自己一个人——从开业的第一天起，数十年来始终如此。没有秘书，没有绘图员，甚至不使用电子邮件，更没有自己的网站主页。翻开其他获奖建筑师的作品集，基本上都是博物馆、教堂、剧场，或者规模更大的机场、办公楼等公共建筑。而莫卡特的作品，几乎都是面积不大的私家住宅。

在莫卡特成为公众人物之后，几乎所有的采访者都会重复地问道，"为什么要坚持独来独往"？他总是耐心地重复同样的理由："我喜欢独处，因为有更多的时间思考。每一个大项目或许相当于十几个小项目，而没有雇员，我就可以随性地选择后者，享受十几种不同的体验。"

1936 年出生的莫卡特，是家中的长子。他五岁之前，全家人一直生活在巴布亚新几内亚，直到 1941 年太平洋战争爆发，老莫卡特夫妇和三个孩子搬到悉尼。莫卡特用了一年多时间，才摆脱不伦不类的"母语"，掌握真正的英语，进入学校。此后他的生活和事业的基地始终在悉尼。

资质平平的中学生莫卡特，进入了新南威尔士大学的建筑系。在建筑系学习期间，他就显得与众不同。莫卡特日后回忆道："我们 60 多个学生，要完成一次限时五天的设计作业。第三天结束时，四十多个学生都提前完成了，用尺规制作的图纸赏心悦目。又过了一天，只剩下包括我在内的六个学生还在苦干。我还在酝酿一个很精彩的想法，直到第五天上午，时间所剩无几，我才迅速地画出几幅草图。"

在几家建筑事务所短暂的工作之后，33 岁的莫卡特实现了大学时期就定下的职业目标：独自一人的事务所。在事业初期，他曾经忍受了好几年清贫的时光，甚至养不起私家轿车，不得不搭乘公共汽车前往工地。直到一座座风格独特的住宅陆续建成，澳大利亚的媒体才逐渐注意到这样一位独来独往的建筑师。

1986 年末的一天，莫卡特收到一对陌生夫妇的来信。丈夫吉拉姆·辛普森 – 李，40 年代毕业于悉尼大学，几十年来一直任教于母校，曾任经济学系的系主任。妻子茜拉，是一位制作陶器的艺术家。这对夫妇是某一类中产阶层的典型代表：富有学识而眼光挑剔，追求惬意的生活，同时厌弃烦琐的奢侈。

早在 50 年代末，他们的第一座住宅，就出自悉尼的著名建筑师亚瑟·鲍德文森（Arthur Baldwinson）之手。生于 1908 年的鲍德文森，是第一代土生土长的澳大利亚建筑师。面对建筑师，辛普森 – 李夫妇非常清楚自己"想要什么"——这一次，他们想要一座专供度假的第二居所，安静地归隐于山间。

在悉尼市西面大约 100 公里的小镇"威尔逊山"，海拔约 1 000 米的山坡上，辛普森 – 李夫妇多年前就买下一小块地。他们开始寻找建筑师的时候，发现了 1985 年出版的莫卡特作品集《钢铁的树叶》。他们给莫卡特写去一封长达六页的信。信中写道："我们希望它成为一对退休

辛普森－李住宅 1

夫妇安宁隐居的乐园，它应当贴近生活中本质的东西，远离无足轻重的东西。"

　　等业主和建筑师理清多种头绪，三年已经过去。辛普森－李住宅从 1989 年开始设计，竣工却要等到 1994 年——只有一百多平方米的小建筑，居然用了五年多时间。很显然，业主夫妇非常苛刻，同时对他们的建筑师也非常信任。

　　看到第一次方案的图纸，吉拉姆就直言不讳地表示自己的不满："我们想要一座体态轻盈的房子，你却拿出一艘军舰。"从此，双方开启了无

辛普森－李住宅 2

数次激烈的争论、不断的修改。什么是轻盈？如何才能尽量少地破坏山林的环境？业主挑剔每一处细节，他的意见就像滤纸，让建筑师的想法变得更加纯净，逼迫建筑师的耐心达到更高的境界。

　　甚至在设计方案已经确定之后，面对通常由专业人士"把持"的施工图，男主人仍然提出自己的意见。例如，他希望修改某些钢梁的形状，尽管加工费用更高，但是用料更少。经济学家对于"经济"的理解抱有高度的自信："这个国家需要的是更细腻的人工，换来更精简的用料。"

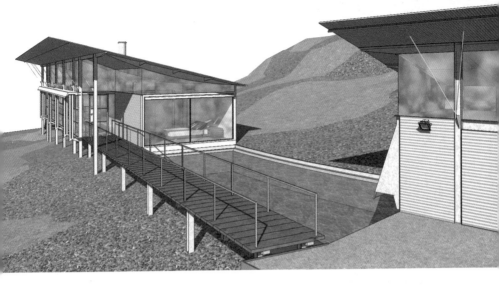

辛普森 - 李住宅设计图

　　最终的成果，这座住宅仍然像一艘船，但绝不是"军舰"，而是轻巧的快艇。

　　一条窄窄的木板桥，串起一大一小两间独立的屋子。前面的小屋，是车库、洗衣房兼做女主人的陶艺工作室。后面的主体，是宽大的客厅和两间卧室。两座小屋之间，是一片精心设计的水池。几根轻盈的钢柱，支撑着整座建筑，"漂浮"在长满苔藓的岩石上。建筑的外观，几乎完全由钢、铝和玻璃构成。除了波纹铁皮的屋顶、墙面自然形成的线条，没有任何装饰。波纹铁皮优雅的水平线，和周围一棵棵树的竖线条，相互映衬。像树枝一样分叉的钢杆，支撑着飞扬的屋顶。每逢降雨，宝贵的雨水顺着倾斜的单坡屋顶，汇入屋后圆柱形的储水罐，再定期注入水池。镜子一样的水面，把阳光反射到屋里的天花板，再经过一次反射，在室内洒下柔和的自然光。

两座小屋之间，是一片精心设计的水池

　　此刻，经济学教授不再吝惜他的赞美之词："当我的眼睛获得享受的同时，头脑和精神也被滋养。"

梭罗的门徒

　　在莫卡特的作品当中，德国建筑大师密斯的影响清晰可见，辛普森－李住宅很容易让人联想到1951年建成的范斯沃斯住宅。在普利兹克奖的获奖感言中，莫卡特谈到父亲如何把自己引向建筑师的道路。老莫卡特一生到处闯荡，尝试过各种职业。人到中年，他开了一家木材加工厂，对建筑产生了浓厚的兴趣。从 1946 年起（莫卡特 10 岁的时候），他开始订阅来自美国、欧洲的几份建筑杂志。莫卡特很快就结识了远在万里之外的赖特、密斯、伊姆斯夫妇等许多著名建筑师。

莫卡特的职业生涯中，两次漫长的游学旅行对其产生了决定性的影响。1962 年，大学毕业不久的莫卡特，遍游意大利、希腊、德国和北欧，被建筑大师阿尔托的作品深深触动。1972 年，独立开办事务所两年多的莫卡特，开始了第二次游学之旅。游历法国、西班牙之后，他又转赴美国，探访赖特和密斯的作品。

然而，密斯的追随者在世界各地实在难以计数，从密斯的"少就是多"，发展到莫卡特微妙的个人风格，必然还需要其他"导师"关键的指引。离开他们，莫卡特的努力，不过是让南半球的山林间，又多一个纯净的玻璃盒子而已。即便阿尔托等建筑大师，为密斯式的硬朗骨架添了一些笔触，他们仍不能取代莫卡特的另一位精神导师。

莫卡特第二次游学旅行的高潮，是专程前往波士顿郊外，探访一处幽静的池塘。"从我少年时代，第一次从父亲那里知道这个名字，梭罗就一直没有离开我的生活。当我站在这座从未见过却很熟悉的小屋前，过去的 25 年浓缩成了一天。我的心情无法用言语表达，我的眼眶湿润了。"莫卡特想到了几年前去世的父亲，想到了他少年时代家里的书架上，和建筑杂志摆在一起的梭罗著作：《瓦尔登湖》《康科德及梅里马克河畔一周》《缅因森林》……

在梭罗的小木屋遗址旁边，立有一块朴素的木牌，刻着《瓦尔登湖》

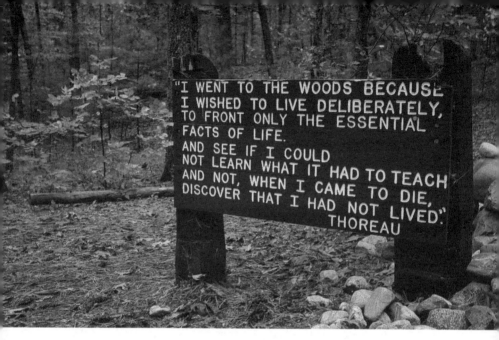

在梭罗的小木屋遗址旁边，立有一块朴素的木牌，刻着《瓦尔登湖》中的一段话

中的一段话："我到林中去，因为我希望谨慎地生活，只面对生活的基本事实，看看我是否学得到生活要教育我的东西，免得到了临死的时候，才发现我根本就没有生活过。"

梭罗短暂的人生，简单到如一张白纸。20 岁毕业于哈佛大学。28 岁独自隐居在瓦尔登湖边的山林中，将近两年时间。1854 年，散文集《瓦尔登湖》出版。1862 年因肺病医治无效，病逝于他出生的小城康科德，终身几乎没有离开过马萨诸塞州。

在生活节奏和内心焦虑呈正比增长的时代，梭罗的门徒似乎比密斯更多（仅在中国，《瓦尔登湖》已经有近 10 个不同的译本）。从第欧根尼到中世纪的修道士，在西方的历史传统中，避开世俗的隐者并不罕见。然而梭罗的力量独一无二。他来到湖边，不是为了洗清罪过，而是为了更健康的生活。他认真地砍树盖屋，而不是慵懒地卧在木桶里。在莫卡特面前，梭罗的行动和他留下的文字，是通向目标的道路。而密斯和他的许多门徒，只是在用钢和玻璃打造一辆无可挑剔的汽车。

梭罗追求的理想，正是辛普森 - 李夫妇那封敲门信中所指的"生活中本质的东西"。如梭罗所言，是"岩石、树木、吹过脸颊的风、坚实的泥土、真实的世界"。

业主夫妇和建筑师，皱着眉头，为木板、钢梁和门把手争论不休。但无论争论多么激烈，他们还是真诚地信任对方，在超越细节分歧的层面，彼此是难得的知音。当这座住宅慢慢在图纸上成形时，世界建筑史的舞台上，正是各种"主义"最红火的时期：现代、后现代、解构、结构、高技、乡土……但是他们并不需要炫目的"光明"。梭罗在《瓦尔登湖》全书结尾处告诫世人："使我们失去视觉的那种光明，对于我们是黑暗。只有我们睁开眼睛醒来的那一天，天才亮了。"

无论是经济学教授、制陶艺术家还是建筑师，他们只想面对生活的基本事实：透过起居室落地的大玻璃窗，满目是挺拔的桉树和斑驳的野花。轻轻地拉开落地玻璃窗，晨雾和鸟鸣随着微风一起飘进来，混杂着杂草苦味的芳香。

明亮的山洞

数十年来，莫卡特从未承接过澳大利亚国界以外的任何项目。"我并不需要像狗四处在树下撒尿一样，到世界各地证明自己的存在。那实在是多此一举……在我自己的国家，种种问题交织在一起，已经足够复杂了。你需要毕生时间，才能了解自己所属的文化。了解他人的文化，或许需要两倍、三倍于此的时间，并且很容易犯严重的错误。"

莫卡特的确在用毕生时间，耐心地了解他自己所属的文化，澳大利亚独特的气候、植被，还有原住民文化。莫卡特合作过的业主或者最亲密的朋友当中，有许多是原住民的后裔。他曾经多次前往澳大利亚北部的原住民保留地，感受原住民的生活。在他的工作室和家里的墙上，都装饰着原住民画家的作品。

在原住民那里，莫卡特体验到和几万年前几乎一样的生活方式，体验到维系人类生存的纽带，不是竞争而是互助。更重要的是，他得到某些密斯、阿尔托，甚至梭罗都无法给予他的灵感。

澳大利亚原住民的祖先生活在岩洞里，那些有数百年乃至数千年前留下的壁画的岩洞。你总是从一端的洞口进入，并且洞口总有一位神灵把守着，你应当请求神灵允许你进入。这一点非常重要，你不能贸然从中间位置，横向地进入房屋。要从房屋侧面的尽端进入，就像进入一座洞穴。

如果一个房子的平面形状是长方形，人们通常是沿着垂直于长边的轴线，从整个体系的"腰部"进出。无论是中国古代的寺庙，还是欧洲的城堡、宫殿，以及绝大多数现代建筑，都遵从这样一种文明社会的秩序感。口袋形状的山洞，曾经是这个星球上人类普遍的居所。然而几万年之后的今天，有多少建筑师会把它们视为建筑，甚至让自己的作品像一座山洞呢？

莫卡特设计的许多建筑，入口都刻意设在长条形体量的尽端，辛普

森 - 李住宅在这方面尤其突出。沿着细长的木桥，经过一片形状不规则的小水池，守护着"洞穴"的神灵似乎就住在水中。你站在木桥上，静静地端详小屋在水中的倒影，就是获得了神灵的允许。继续向前，推开玻璃门走进室内，就像结束一天的围猎，回到让自己安心的山洞。这里就像山洞一样，给人安详的庇护，只不过比所有的山洞更明亮、更舒适。

尾声

"1845 年 3 月末，我借来一把斧头，走进瓦尔登湖边的森林里。"

1995 年，距离梭罗建造小木屋 150 年之后，辛普森 – 李夫妇搬进了他们理想的林间小屋。2001 年，男主人吉拉姆去世了，女主人茜拉开始考虑这座住宅的未来。她知道辛普森 – 李住宅，已经出现在世界各地建筑系的课堂和教科书里。她希望把它托付给值得信赖的人，而最值得信赖的人，无疑是它的设计者。2009 年，莫卡特从茜拉手中买下他倾注心血、自认为最成功的作品。对于一个建筑师而言，这无疑是至高的荣誉。

莫卡特在获奖致辞的结尾处说道：在建筑教育中，总是强调创造如何重要，而我并不相信所谓的创造。我承认，存在某种创造的过程，然而这种行为的本质是发现。作为建筑师，我们的角色始终是发现者。

如今，莫卡特经常在这里接待建筑师同行和建筑系的学生们，向他们讲述梭罗如何影响自己的人生，他又是如何"发现"这座明亮的山洞的。正如梭罗所说的那样："你需要两个人来说出真理：一个人讲述，另一个人倾听。"

安藤忠雄的长屋：

隐忍的日式
生活美学 ①

安藤忠雄似乎是在追求这样一种建筑：结构简洁，对外封闭，空间独立且富有意义，当光线射入时会产生戏剧效果；这适当的压抑感会让人产生沉静，从中可以体会到隐忍的日式美学。

---

① 本文作者为黑麦。

房屋灵魂的保存与重生

当安藤忠雄思考建筑时，城市是他需要掌握的"第一元素"，他把城市作为自己灵感的来源，也看作对手。大阪是安藤"永恒的对手"，也是与他关系最为深厚的城市。1941年，他出生在这里，在成为建筑师之前，做过货车司机和职业拳击手的安藤已经熟悉了这里的多条道路。多年后，当他的建筑事务所开始参与到整个城市的公共设施、商业及私人建筑领域时，他似乎清楚地了解那些客户的背景和需求。

安藤的建筑事业，是从住吉区的4米宽长屋开始的。那栋位于大阪下町的双层私人建筑原是一间简陋的木质长屋，重建时，他尝试了房屋灵魂的"保存与重生"，此后，这也成为他的一贯做法。在安藤看来，城市文化与人的记忆积累有关，与建筑的身影有着某种联系，它更像是街区和氛围的感受，在设计图纸时，建筑师要展开一场新与旧之间的对话。于是，安藤忠雄一直在设计时贯彻着相同的主题，他将其简单地描述为"希望大阪变得更好"。

日本在1964年开放出境自由观光后，23岁的安藤忠雄也首次踏上了以建筑为目的的旅行，安藤还记得，当时的1美元可以兑换360日元，对于一个刚刚工作的年轻人来说，这次欧洲游历意味着中断工作，也会耗尽自己的所有积蓄。

安藤抵达芬兰时恰是极昼5月，在没有日落的时间里，他充分观赏了阿尔瓦·阿尔托、海基·西伦等北欧近代建筑家的作品。这些毫无负累的房屋给安藤带来深刻的印象，在那个极其严苛的自然环境中，设计师

日本建筑师安藤忠雄

只保留了简洁的外观。他似乎在这个时候体会到，光线与生活的组合形成了洗涤心灵的空间要素，这也提醒了他，"每个地区的生活空间都有其独特的个性"这个事实。

1965 年 8 月 27 日，在安藤抵达巴黎的几个星期前，柯布西耶离开了这个世界，与柯布西耶本人见面的这个愿望没能实现。他在巴黎逗留了数个星期，寻找柯布西耶的工作室和做梦都会梦到的建筑，从波瓦西之丘的萨伏伊别墅系列住宅作品，到马赛的集合住宅，安藤初次领略了建筑与内心的某种关系。

那时候，柯布西耶的萨伏伊别墅一度是安藤心目中的典型现代化住宅形象。1964 年，当鲁道夫斯基在纽约现代艺术博物馆组织举办了题为"没有建筑师的建筑"主题展览时，这个展览冲破了统御建筑历史的狭隘学术苑围。安藤开始重新审视柯布西耶的作品，他也开始对现代主义的纯粹空间持批判态度，在安藤看来，现代主义注重技术，量产化的空间让建筑丧失了居住的独特性。而"现代化"在日本已经形成居住理念，微缩的美式郊区型住宅比比皆是，购房者认为它外观时尚、空间通透，而安藤却认为这样的住宅使日本缺少了居住传统和多样性。

在着手设计长屋前的数年中，安藤一直思考着社会的精神需求，他心怀矛盾，也抵触社会变革所带来的趋势。安藤忠雄的《在建筑中发现梦想》一书中自述了事务所成立前的一段时光。1968 年 5 月，日本发生了"安田讲堂封锁事件"等一连串学生运动，此时，他再次来到欧洲，却没有专注建筑。在巴黎，他目睹了"五月革命"的高潮时期，深刻感受着那一代人的社会意识与生存方式，当他在一丝忧虑中回到日本时，大阪万国博览会的成功举办让整个国家都沉浸在颂扬科学技术的观点中。

"欢腾过后，三岛由纪夫切腹自尽，日本开始沉默，嘈杂的时代仿佛过去了。"安藤回忆道，"我的事务所成立之时，日本的建筑风格受到了文化的波及。"那时，找上门来的客户全是有关私人住宅的零星工作，规模极小且预算微薄，安藤觉得这是让想法成形的好机会。在完整地规划了一些项目后，安藤终于在1975年完成了住吉家的长屋改造，作为"出道作品"，他显然想到了如何用最明快的方式表现城市住宅设计的理念。

修复心灵的长屋

此时的安藤忠雄认为，住宅是建筑的原点，他认为住宅起源于人类最根本的欲望。长屋是大阪最普遍的住宅形式，它诞生在日本高密度城市中，属于追求终极住宅的产物。彼时的长屋总给人带来昏暗且不洁净的印象，对于住在长屋的居民来说，屋内的阳光亦是奢侈的。安藤忠雄也在关西的长屋中长大，因此他似乎对重新设计这一传统住宅充满情感。

当长屋房主来委托设计时，安藤已经决定，即便是再小的房子，也要在中间安置一个庭院空间。然而，业主开口时就提出了西班牙风格的设计主张以及木结构的日式房间。安藤在查看房屋后发现这里的建筑用地不足60平方米，且只有六成可以建造房间，这似乎不可能实现业主的全部要求。

他在反复思考后决定，让中庭占据起居室与厨房及二层之间。其间，虽然有朋友建议他缩短流线，提高使用率和连续性，但是安藤执意要保留中庭，他的意见是：必须经过中庭才可到达起居室并由中庭来连接四周的空间，这样可以还原住宅的生活情趣，也是传统街屋曾经给人带来的生动感觉。这样的设计的确带来不少麻烦，当遇到雨天，去厨房或是

安藤设计的住吉长屋剖面

二层必须打伞才行；但是到了没有雨的季节，却非常舒适。安藤想到有限的用地和预算，他最终在"简洁的混凝土盒子中"尽可能地放入了好的想法，通过传统住宅的中庭空间，确保了整个房子的采光和通风。

结构是安藤改造长屋时遇到的最大问题，由于它是几户连续排列而成的，因此，地基、大梁均为共用，只切除其中一间，两边的房子即会坍塌。安藤认为，如果只是装饰一下室内，这样就没有意义了。他用混凝土墙壁支撑，筑出密不透风的外墙，从外部看来，它似乎是一个没有光线的黑房子，走入内部时就会发现庭院中的明亮光线。"这会使来访者吃惊房屋的采光。"安藤认为，"留设出的室外中庭将四季变化引导至生活空间。"

很长一段时间，安藤都认为建筑应有一种修复心灵的功能，作为

"二战"期间出生的一代，他在童年时期目睹了城市的残败，当战争结束后，建筑似乎成为第一批令日本复苏的事物。安藤很佩服丹下健三，他认为丹下是一位用建筑而非空话治愈城市的大师。丹下健三利用清水混凝土筑造了日本的政府建筑及广岛和平纪念中心，他试图在其中表现出日本的传统之美。

也正是在丹下健三的影响下，安藤决定切掉部分长屋，插入表现抽象艺术的混凝土盒子，将关西人常年居住的长屋要素置换成现代建筑，并由此开创了"清水混凝土"风格，让混凝土在建筑中成为一种优雅的表达。

在住吉的长屋中，安藤认为水泥墙壁恰好帮助他在城市中建造了另外一个世界，在简朴的造型中，居民的生活似乎又重回了大自然的怀抱。然而，安藤也深知混凝土的缺点，它在淋水时会产生潮气，而纯粹的水泥墙壁也会造成冬季的低温，安藤曾经说服委托人克服这些缺点，而房子的主人东夫妇也欣然接受了他的劝说。

在日本建筑评价家看来，这种风格让居住者在房屋的某处怀着一点忧伤，却又在房间的另处获得某种慰藉。这是安藤忠雄在小空间和建筑材料上的一次试探，更重要的是混凝土建筑整体空间造型所表现出来的精神意象。

住吉的长屋问世后，安藤至今还能听到"为什么设计出如此不实用的住宅""为什么让居住者在屋里打伞"这样的批评。查尔斯·穆尔等建筑师来参观时也问道："日本人可以在这样小的盒子里生活吗？""为什么要在狭小的空间设置一个'奢侈'的庭院？"而安藤却满足于自己在

住吉长屋的正门

住吉长屋的楼梯

住吉长屋的走廊

住吉长屋的起居室

甚小的用地中建造了"大而全面"的宅院，他认为自己在抽象化的几何四方盒子中，将关西居民继承下来的传统生活，以及对自然的热爱装了进来。

东邸（Azuma House）是长屋的新名字，以委托人的姓氏命名，直到今天这家人还原封不动地在这里生活。安藤认为最具有价值的并非房屋本身，而是它的拥有者在这里长期生活。近些年来，由于大量的旧建筑被翻新成独家独户的组装式或集合式住宅，长屋也变得稀少了，而有关旧时日本的生活故事，或许还在东邸上演着。

在日本的家装节目"全能住宅改造王"中，今天的建筑设计师也常采纳安藤忠雄为长屋设计的方案来改造老宅，不仅如此，他们已经开始用新型的碳材料改善潮湿环境，亦用电动镜面来改善房间采光。这些创意似乎也改良了住吉长屋改造中最不可让人接受的"为建筑献身"这一理念。

2006 年，安藤忠雄为同润会青山公寓旧址设计的"表参道之丘"竣工，在这位设计师看来，大阪老街的个人住宅和东京繁华街上的复合式新兴大楼，只有规模上的差异。安藤认为，在长屋改造时他建构了对外没有任何开口、无表情的清水混凝土墙面，借此表现在高速经济增长的名义下不断扩张的都市中，决定在此落地生根并与其对抗的个人意志；而"表参道之丘"如同它今日的身影，并希望留下存续超过半世纪的风景。

第三部分 △

自宅与自然——

沟通人与天地

赖特的塔里埃森:

充满自然的丰盛 ①

1957 年 9 月的一天,美国哥伦比亚广播公司(CBS)的摄影棚里,正在录制名人电视访谈节目。风华正茂的主持人迈克·华莱士吸了一口右手夹着的香烟,开始向 90 岁的建筑大师弗兰克·劳埃德·赖特提问。

华莱士:"据我所知,你从不去教堂参加礼拜。"

赖特:"我常去的是另一座被称作'自然'(Nature)的教堂,它包含一个大写的 N,那里就是最伟大的教堂。人们拼写'上帝'这个词时总会用大写的 G,我难以理解为什么书写'自然'这个词时不用大写的 N。"

---

① 本文作者为杨鹏。

两个塔里埃森

纽约的古根海姆博物馆施工已近收尾，宾夕法尼亚州的一座犹太教堂也将在明年竣工。工作室的图板上，一座庞大的行政中心和几座住宅已显露雏形。年迈的建筑师赖特，头脑一如他 60 年前成为建筑师的时候那样敏锐。亲友和助手们，正在筹备他两个月后的 92 岁生日聚会。谁都没有想到，老人突然病倒，仅仅 5 天后就安详地离开了。

从亚利桑那州沙漠里出发，三位助手星夜兼程，驾车把遗体运回了 2 700 公里外的威斯康星州。赖特被安葬在绿树青葱的家族墓园。这里距离他的出生地只有几十公里，他的身旁长眠着外祖父、母亲和绝大多数母系的亲属。虽然没有遗嘱可循，但是所有了解他的人都相信，这里会是他期望的归宿地。

26 年后，赖特的最后一任妻子去世。她的遗嘱强调把赖特的遗体火化，与自己的骨灰一起葬在亚利桑那。赖特亲属们的声讨和威斯康星州的舆论，都未能阻挡赖特再次"回到"亚利桑那，从此在那里永久地安息（但愿如此）。

威斯康星、亚利桑那……生前和死后的赖特都像候鸟一样，在两地之间来回迁徙，就像他的头脑一样从不安分、从不停歇。在去世前的 20 多年里，每一年的 4 月末到 11 月的感恩节，他在威斯康星享受河谷与青山，其余的时间，在亚利桑那沐浴沙漠里的阳光。

1867 年他出生的时候，南北战争的硝烟才刚刚散去，电灯、电话和汽车都还只是美好的幻想。1959 年他离开这个世界时，街头巷尾已经在

1937 年，赖特在塔里埃森给学生们上课

谈论核武器和人造卫星。赖特漫长的一生，送给自己无比丰富的岁月经历，留给世人 530 座建成的作品。

在他去世之后不久，芬兰著名建筑师阿尔托写下了这样一段文字："许多现代建筑都让我联想到人造的玻璃花。每一个元素、每一个角落的功能和结构，都可以被清晰地解释，总有某些东西带着刻意的人工痕迹——就像艳丽的玻璃花。赖特的建筑则有所不同，我无法分析它们、解剖它们，因为它们太可爱了，它们是带着露水的鲜花。"

山谷里的威尔士人

"我是弗兰克·劳埃德·赖特，建筑师。"任何时候，赖特总会这样介绍自己。"弗兰克"（Frank）在英语里意为直率、清晰，"劳埃德"（Lloyd）的威尔士语本意为"神圣的、纯洁的"，他的姓"赖特"（Wright）在古英语中意为工匠、建造者。一目了然，拥有这个名字的人是一位既直率又纯洁的工匠。

对于大多数美国人，中间名只在少数场合或文件里出现，而赖特却视之为不可缺省。他的中间名"劳埃德"是一个典型的威尔士名字，也是他外祖父的姓"劳埃德－琼斯"的一部分。终其一生，赖特对于自己的威尔士血统无比自豪。

1843 年，他的外祖父带着妻子和几个孩子（赖特的母亲当时只有 5 岁），从威尔士来到美国。他们从大西洋岸边历经一路波折，最终在威斯康星河畔的一片山谷里落脚。这里四季分明，茂密的森林覆盖着连绵起伏的丘陵。全家人在蛮荒的山林中开辟出家园，发展成远近闻名的大家族。

赖特的父系一支来自英格兰，他父亲出生在知识分子气息浓厚的美国新英格兰地区。赖特的少年时代，在威斯康星州的首府麦迪逊度过。从 11 岁到 16 岁的每年夏天，小弗兰克都去山谷里一位舅舅的农场帮工。

数十年后，赖特在《自传》里深情地回忆起那些时光："从日出到日落，任何一座人工雕琢的花园，都会因威斯康星原野上无可比拟的美而黯然失色。每天清晨，他开始一天勤奋的学习。他的课本是成群飞过的昆虫、蕨草散发的气息、神奇的苔藓和腐烂的树叶，是他赤脚踏过的草地，和那里面蕴藏着的奇异的生命……他走进雾气蒙蒙的树林，顺着开满茑萝和报春花的蜿蜒山脊，穿过齐腰深茂密的草丛。星星点点的火光在他身边舞动，那是仿佛漂浮在草丛中的野百合花。"

赖特的外祖父一家，虔诚地信仰基督教的分支唯一神教派（Unitrian）。《圣经》仍是他们的圣书，但是这一教派鲜明地反对"三位一体"，只崇拜唯一主宰着万物的神，在许多方面接近自然神崇拜。爱默生、梭罗和钱宁①等人的著作，是舅舅家晚餐桌上常有的话题。普天下有多少农夫的家里，会严肃地讨论爱默生、梭罗？又有多少城市知识分子家庭的少年，有机会探索大自然的神奇？或许赖特的天才正是在这种完美的融合中萌芽。

古代的威尔士文化，伴随着赖特长大。在他眼中，威尔士的游吟诗人象征着温和与宽容，足以抗衡《圣经·旧约》中先知们的粗暴与极端。他们没有摩西②劈开红海的威武力量，也不像以赛亚③那样雷霆般地怒斥世人。他们崇拜高大的橡树和巨石，他们常在细雨蒙蒙的森林里唱着悠扬的歌。

"闪亮的前额"，塔里埃森

将近而立之年的赖特，在芝加哥建立了自己的事务所。作为父亲和

---

① 威廉·埃勒里·钱宁，美国教士和作家，被称为"唯一神教派的使徒"，梭罗的好友。——编者注

②、③ 摩西、以赛亚均为《圣经·旧约》中的人物。——编者注

丈夫，他既不饮酒也不吸烟，从不赌博甚至不吐脏字。他日以继夜地勤奋工作，让妻子和六个孩子享受着舒适精致的生活。接下来的十年里，他的事业蒸蒸日上。然而，一位业主的妻子改变了他的命运，40岁的赖特与她热烈地相爱。他不惜割舍19年的结发之妻和六个孩子，但是妻子拒绝离婚。1909年，一对情人前往欧洲躲避沸沸扬扬的舆论。他们像《安娜·卡列尼娜》中的安娜和渥伦斯基一样，在意大利小镇过了一段远离尘俗的逍遥时光。一年后，当他们回到美国，赖特的妻子仍不同意离婚。而在昔日业主聚集的芝加哥地区，臭名昭著的赖特已经无法容身。他想到了少年时代熟悉的山谷。在舅舅的农场附近，是外祖父留给他母亲的一块土地。赖特开始在这里建造自己理想的家园，给它起名"塔里埃森"（Taliesin）。这是一位6世纪时威尔士游吟诗人的名字，威尔士语的含义是"闪亮的前额"。

"永远不要在山顶建造你的房子，而是在相当于'前额'的山坡上。从家门口走上山顶，你会更好地领略周围的一切。如果你把房子建在山顶，你就彻底失去了这座山。"威尔士人古老的自然崇拜，像一股清泉流入现代建筑的大河。

几公里外采石场运来的浅黄色砂岩，被切割成石片，层层叠叠地砌成石墙。高低错落的屋顶和平台，像大鸟的翅膀一样舒展地挑出。朝向南面的庭院里，斑驳的树影洒在石阶上。威斯康星河里的白雾伴着鸟鸣缓缓升起，托举着塔里埃森如同漂浮在山坡上。"一座北方的住宅，身姿低而舒展，渴望与周围的环境结为伙伴。它可以迎着夏天的清风敞开，变得犹如露天营地。头顶上没有死气沉沉的闷顶，你可以在屋里听到春

赖特的代表作——威斯康星星河谷的"塔里埃森"

天的屋顶上响起自然的音乐。有深远的挑檐加以保护，你尽可以在雨天
打开窗户，感受雨丝特有的气息。"

　　碎砖旧瓦堆起的田园野趣，像是蹒跚学步的幼儿；一丝不苟的建筑
机器，如同不卑不亢的客人。塔里埃森像一个成年的孩子，既温存又稳
重地坐在母亲身旁。山坡下的小溪上筑起水坝，塔里埃森拥有自己的发
电站。玉米田、麦田、菜地和猪圈，它俨然是一座自给自足的小庄园。

　　1914 年 8 月 16 日，《芝加哥论坛报》等美国多家大报以不同的标题，
报道了一则骇人听闻的消息。前一天夜晚，正当赖特在芝加哥忙于一座
花园餐厅的施工，他在塔里埃森雇的一个男仆，用汽油纵火点燃了房子，
然后像疯子一般用斧头砍死了他的情人和家中的另外六个人。当大火被

附近赶来的人们扑灭，一大半建筑已经坍塌焦黑。遭遇如此可怕的灾难，多数人都会从此远离灾难的现场。赖特却在原地依照原样重建塔里埃森，甚至把已经变色但仍可用的石块，砌进新的石墙。

1925 年，电线短路又一次引发了火灾。赖特不假思索地第三次建起塔里埃森。"在为了重建而清理仍有烟气冒出的废墟时，我捡出几个几乎被烧成石灰的唐代佛头、曾经美轮美奂的北魏石雕、宋代陶塑和被烈火烤成焦褐色的明代瓷器。无论它们被当成牺牲祭献给了哪一位天上的神灵，我把这些残存者收好，日后嵌进了新的塔里埃森的石墙里。"

尽管已经是第三个塔里埃森，这里的生活和它 1911 年初建时并没有改变：

> 用在室外的木板的色泽，是灰色的树干染上紫色晨曦之后的颜色。屋顶的瓦片任由风吹日晒，变成了和屋檐下的树枝同样的银灰色……春天里推开窗子，窗外是爬满了野葡萄藤的橡树和野樱桃树的树冠。冬天的屋檐下挂着水晶一样的流苏，十几个壁炉里木柴噼啪作响的火焰，将袅袅白烟送上夜空。

沙漠里的西塔里埃森

1928 年，赖特早年的一位助手邀请他到亚利桑那州的凤凰城，帮助自己设计一座豪华旅馆。亚利桑那温暖的冬天，让东海岸和中西部的富商们可以悠闲地散步骑马，不再被 1 米厚的积雪围困。这座比尔特莫旅馆（Biltmore Hotel），至今仍是当地首屈一指的度假场所。它虽然未被列入赖特的作品，却把他带进了一个全新的世界。

干燥炎热、植被稀疏的亚利桑那，和威斯康星完全是两个极端，然而赖特对这里一见钟情。他热情地赞颂陌生的沙漠："想象一下，站立在世界之巅迎接朝霞、目送夕阳，或者仰望晨昏之间清澈的蓝天。世界浸染在光与空气之中，幻化出造物主创造过的每一种色彩和形状。广阔的沙漠似乎无边无际，而这种'似乎'与其现实相比，实在不值一提。"

大萧条时期，整个美国的建筑业都近于停顿。大雪飘飞的冬季，让塔里埃森的采暖费成为巨大的负担。连续几年，赖特率领他的"公社"长途跋涉，来到亚利桑那的沙漠里，指挥学徒们用木板和帆布建成临时的宿营地。1937年，当设计业务重又步入正轨，他以每英亩（合 4 000平方米）3.5 美元的价格买下了一大片平坦的荒地，这里将成为他另一个家园——"西塔里埃森"（Taliesin West）。

如今，我们对这片静谧广袤的沙漠已经像对威斯康星的山谷一样熟悉。连续数月的每个星期天，我们带着睡袋四处野餐露营，像着了魔一样遍访周围的著名景点。后来，我听说凤凰城 26 英里[①]外有一处地方值得一看。于是我们越过天堂谷沙漠，来到麦克道威尔峰下，登上山间这片巨大的平顶台地。环顾四周，这里就是世界之巅！

---

① 　1 英里 ≈1.6 千米。——编者注

他后来在《自传》中描述了为新家园选址的过程。周围的群山寸草不生，棱角分明的山峰如刀砍斧削。炽烈的阳光下，响尾蛇在稀疏的灌木丛中爬过，沙漠里矗立着高达四五米的萨瓜罗仙人掌。70岁的赖特，对自己的寿命非常自信。他决心把荒漠变成名副其实的塔里埃森，除了他与家人的客厅、卧室、餐厅，还要有接待客人的场所、学徒们的绘图室。赖特和他的学徒们，就像当年他的外祖父和舅舅们那样，开始扮演美国人最擅长的角色——拓荒者。仅为挖掘深井找水，就花费了约1万美元。"整个西塔里埃森不像是建造起来的，倒更像是从自然界里挖掘而成的。连续7个冬天，30多个青年男女把他们最饱满的活力与石块一起浇注进西塔里埃森。"

沙漠里的石块，天然形成一人高的大石块或者西瓜大小的卵石。它们无须任何加工，大小夹杂在一起，直接浇筑在混凝土里。无论外观还是室内，无论是台阶还是高墙，天然的石块显露着斑斓的色彩和纹理。深红色的木梁和乳白色的帆布，取代了塔里埃森浅黄色的石墙和深灰色的屋顶。粗粝的混凝土背景，衬托着一块草地、一片水池显得格外俏丽。随处可见的深红色是赖特钟爱的颜色，他借用伟大的印第安部落的名字，称它为"切诺基红"。

宽敞的大客厅里，帆布屋顶过滤后的阳光，像空气一样充满每个角落。天气晴朗的时候，白色的帆布顶棚和侧面的垂帘卷起来，鸟儿随着沙漠里清新的空气在木框架之间飞过，难以分辨哪里是室外，哪里是室内。

西塔里埃森倾斜的混凝土结构以当地的巨大圆石为骨料，加上木屋架和帆布篷的有机结合体，使得该建筑与亚利桑那沙漠融为一体

丰盛即美

"丰盛即美"（Exuberance is Beauty），赖特经常引用英国诗人布莱克（William Blake）的这句话。层次、细节、装饰，无论你用什么字眼来形容它，建筑和生活中这些微妙的内容必不可少。塔里埃森的庭院里，野花与石墙衬托着来自中国的佛像、日本的铜钟。高大的客厅里，古香古色的瓷器、屏风和石块、木板、地毯共同演奏着"丰盛"的协奏曲。客厅里摆着三角钢琴、大提琴和竖琴，巴赫的《耶稣，众人仰望的喜悦》时常在屋檐下回响。

塔里埃森还拥有自己的小剧场，舞台、幕布和座椅都是赖特精心设计的。剧场的门楣上刻着几行五线谱，那是贝多芬的钢琴奏鸣曲《悲怆》。墙壁上镌刻着诗人惠特曼的名篇《大路之歌》："这里是对智慧的考验……"除了演出四重奏与合唱，剧场里还经常播放电影。赖特的最爱，是硬汉韦恩主演的西部片《关山飞渡》和法国导演雷内·克莱尔的名作《巴黎屋檐下》。

在赖特60年的职业生涯里，有两条原则严格地贯彻始终。其一是他从不参加任何设计竞赛，其二是他的家就是他工作的地方。塔里埃森的工作室里，诞生了许多建筑杰作的草图，也见证了现代建筑史上许多决定性的时刻。1912年的某一天，忙里偷闲的赖特翻开日本驻美国大使送给他的一本书，那是日本学者冈仓天心以英文写成的《茶之书》。当他读到第三章"道与禅"，书页上赫然写道："建筑的意义不是屋顶和墙，而是人们生活于其中的空间"——这正是老子《道德经》第十一章中的"凿户牖以为室，当其无，有室之用"。"天哪，比耶稣还要早500年，在遥不可及的东方，已经有一位哲人为后世点明了建筑的本质。"日后，赖特在无数场合向他的学徒们、业主们、建筑师同行们讲起他那一刻的感受。

从20世纪30年代起，塔里埃森发展为一座寄宿制"私塾"或者说"公社"。来自十几个国家的年轻人，希望在这里领悟建筑的本质。他们当中有人从未接触过建筑设计，也有人是哥伦比亚大学建筑系的毕业生。赖特率领学徒们永无休止地改建、扩建塔里埃森。这些城市里长大的小伙子们，汗流浃背地锯木板、砌石头，甚至在当地工匠指挥下亲手烧制石灰。

除了登门拜访的业主，应邀来塔里埃森做客者络绎不绝。建筑师密斯、阿尔托和伍重（悉尼歌剧院的设计者）兴致盎然地在庭院里漫步。歌唱家保罗·罗宾逊在客厅里献歌，作家卡尔·桑德堡与主人激烈地讨论他的《林肯传》。

造化的心声

西塔里埃森混凝土墙的壁龛里，一块铜牌刻着老子《道德经》第十一章那段话的英文。默念着来自古老东方的箴言，极目四望是沙漠、荆棘、仙人掌和远山，还有万里无云的蓝天。不由得让人恍然大悟，赖特所说的大写的 N——"Nature"包含了这个词的双重含义。赖特膜拜的对象，既是美不胜收的"造化"，也是自然界中万物的"本性"。

壮丽的山峰、秀美的河流，千姿百态的自然界只是"造化"在吐露心声。风向哪里吹、阳光从哪个方向来、河水又流向哪里……地球上每一个角落自有它内在的本性（Nature）。石块坚硬、木板柔韧、玻璃透明……每一种材料、每一种技术自有它内在的本性（Nature）。作为美国最早使用现浇混凝土结构、最早使用中央空调和地板采暖的建筑师，赖特当然不会像祖先一样膜拜大树和巨石。他虔诚地崇拜自然界微妙的和谐，崇拜"当其无，有室之用"，崇拜一切由内而外产生的规律。

建筑的世界里，各种"主义"来了又走，各种"风格"浮起又沉。所有"主义"和"风格"的抽屉，都无法容纳两个塔里埃森。一个秀丽优雅，像威斯康星河谷的女儿，另一个硬朗粗犷，仿佛亚利桑那沙漠的儿子。一切都自然而然，就像野百合生长在草丛中，仙人掌生长在沙漠里。只看几张照片的外行人，很难想象它们出自同一位设计者。而当你真正理解了两个塔里埃森，就会发现它们的设计者并非建筑师弗兰克·劳埃德·赖特，而是他毕生追随的名为自然的主宰者。

李哲士住宅：

瓦胡岛上的青城山 [①]

一个是在东京长大的俄国建筑师，另一个是在成都长大的美国医生。年龄相仿的建筑师和屋主，都把夏威夷的瓦胡岛当成自己永久的港湾。由于机缘巧合，两人合作在瓦胡岛的山坡上建起了一座住宅。从此，医生可以坐在宽大的屋檐下，遥望碧蓝无尽的太平洋，让敲打树叶的雨声把自己带回童年记忆里的青城山。

---

① 本文作者为杨鹏。

结缘

1932 年 12 月的一天，晨曦初露。从旧金山驶来的邮轮在瓦胡岛的港口落锚，一个身材高大的年轻人提着不多的行李，走下栈桥。他从伯克利加州大学建筑系毕业之后的一年多时间，正值大萧条迅速蔓延。他在旧金山的一家建筑事务所勉强找到了工作，但是这份工作朝不保夕，而他的家境也并不富裕。这时，一位老家就在夏威夷的大学同学邀请他来碰碰运气。

5 年之后，又是一个 12 月的早晨，一位年轻的医生带着新婚不久的护士妻子，乘船抵达瓦胡岛。他刚刚从哈佛大学医学院毕业，准备在檀香山市的一所医院里实习。依照他的计划，实习结束之后他将前往中国，开辟自己的医学事业。

当时的夏威夷，还只是美国的一块海外领地。首府檀香山所在的瓦胡岛（Oahu），是夏威夷群岛中面积第三大而人口最多的岛屿。它和中国海南岛的纬度相仿，但面积尚不及海南岛的二十分之一。瓦胡岛被浩瀚的太平洋所包围，距离最近的大陆（美国加州）仍有将近 4 000 公里。由于地球自转的作用，赤道附近生成的台风总是向西北方向的东南亚地区移动，极少光顾夏威夷群岛，这里大洋环抱着青山，四季如春，宛如人间仙境。

一晃又是 10 年。这里建筑设计的业务并不红火，但是年轻的建筑师却被它淳朴悠然的风土人情迷住了。他把未婚妻也从旧金山接来，在此扎根落户。由于中国的战事日益激烈，医生只得打消了前往中国的念头，开始考虑在瓦胡岛建造自己的家。已近中年的医生找到小有名气的建筑师，惊讶地发现他们拥有许多相似的经历：都在亚洲度过少年时代，都是在二十五六岁的年纪来到夏威夷，不再离开。

建筑师弗拉基米尔·奥斯波夫（Vladimir Ossipoff），1907年生于俄国远东的符拉迪沃斯托克（即海参崴）。父亲是来自第比利斯的格鲁吉亚人，母亲是贝加尔湖地区的俄罗斯人。老奥斯波夫受命出任俄国驻日本大使馆的武官，弗拉基米尔出生后不久，就随父母来到日本。他在横滨读完小学后，进入东京专为外国人开办的中学。1923年9月，可怕的关东大地震之后，母亲和16岁的儿子移民来到美国。奥斯波夫读完高中后，进入伯克利加州大学，此时他的父亲已经在日本去世。

俄国建筑师弗拉基米尔·奥斯波夫

医生霍华德·李哲士（Howard Liljestrand），1911年生于美国的艾奥瓦州。他的父亲也是医生，一位中国医学教育史上值得一提的人物。老医生"李哲士"在成都参与创建了"华西协和大学",并且于 1927 至 1929 年担任医学院院长。"李哲士"正是他早年所起的中文名字。抗日战争期间,老医生仍留守在中国,直到 1949 年才返回美国。与奥斯波夫相仿,霍华德 4 岁时跟随父亲来到中国,16 岁时回到美国读书。他的童年时光基本上是在成都度过的。

造房

太平洋战争的爆发,使李哲士夫妇彻底打消了前往中国的计划。他们开始慎重地选择一块地,建造自己的家。他们勾画的蓝图是新家一定要建在高高的山坡上。当时瓦胡岛的山区人迹罕至,不但交通不方便,多数山地还没有通自来水。他们选择在山上居住,令许多朋友大为不解,嘲笑他们选择了潮湿的虫子窝。霍华德自然有他的心思。他和三个兄弟在成都生活的时候,每逢城里溽热难耐,全家就前往青城山避暑。"青城天下幽",山中的古木流泉和花香鸟鸣,给小霍华德留下了无限美好的回忆。

寻找一块理想的宅地,并非易事。山坡上的空地,要么景色欠佳,要么过于偏远,或者已经被捷足先登者占据。夫妇俩用了几年的时间,一边等待一边寻找。1946 年的一个周末,他们在山间徒步时结识了一位散步赏景的老人,后来多次相遇,渐渐成为朋友。这位老先生恰好拥有附近山上的一块空地。瓦胡岛上的海风常年从东北方向吹来,海风和海鸟带来的植物种子撒在降雨充沛的东部山区,因此这里的植被异常茂盛。这块地位于朝向东南方向的山坡上，高出海面将近 200 米，景色无可挑剔，并且距离山下的生活设施、学校和夫妇两人工作的医院都不太远。耐心终于换来了回报。老先生异常慷慨，居然以低于买方报价的价格成交。

迈出了最关键的第一步，医生夫妇又用了将近两年时间，寻觅一位能够理解他们的建筑师。当时的夏威夷，建筑师的数量很少，而最初接触的几位和他们的想法都不合拍，直到他们找到了建筑师奥斯波夫。

"我们不需要一座豪华或者时髦的房子，但是它必须适合山中的生活。"屋主向建筑师提出的要求非常简单。除此之外，就是早晨的阳光能够照进厨房却不会照进主卧室，因为李哲士医生习惯晚睡晚起。

20 世纪 40 年代末的夏威夷已经拥有自己的水泥厂和钢铁厂，但是产量很有限，大量的建筑材料仍需要从大约 4 000 公里之外的美国大陆运来。因此，奥斯波夫为医生设计的新家，以木结构为主。无论从经济还是抗震的角度，这都是理想的选择。奥斯波夫与几位日裔的木匠长期合作，在当时的瓦胡岛，他们的"大木作"手艺最值得信赖。

为了节省开支，贝蒂（李哲士夫人）亲自上阵，每天在现场看管施工。任何一位主持过新家装修的人，都不难想象其中的艰辛。施工基本上由两个日裔木匠完成。他们完全不懂英语，而贝蒂对日语一无所知。建筑师教给她的妙招是，一旦感到哪里有什么不对头，就用日语准确果断地发出指示："停一停。"然后，她立即给建筑师打电话，描述发生的状况。在问题不甚严重的情况下，建筑师不必亲赴现场，他会在电话里以流利的日语向工匠做出指导。

除了本地产的木料，其他材料也都是廉价耐用之选。屋顶是波纹铝板；客厅和餐厅的天花板，直接露着没有涂漆的木板和木梁；卧室和厨房里乳白色的天花板，采用一种叫作"肯耐克"（Canec）的板材，这种夏威夷当地特产的建筑材料，是榨汁之后的甘蔗秆加工而成，在20世纪五六十年代的瓦胡岛随处可见。后来随着甘蔗产业在瓦胡岛绝迹，这种有趣的生物建材也随之消失。

1952年，李哲士一家搬进了他们的山中新居。

夏威夷瓦胡岛上的李哲士住宅

房子的入口设在坡地的高处。走进朴素的坡屋顶门厅，眼前只有一面类似影壁的墙，丝毫看不到山或海的景色。向左面一转，绕过另一面隔墙，视线豁然开朗。客厅里巨大的玻璃窗正朝向海面，窗外是火红的山花和繁茂的大树，山脚下的威基基（Waikiki）海滩游人如织，更远处是"钻石头"（Diamond Head）火山口映衬着无垠的太平洋。

客厅外面是宽敞的观景露台。锐角形状的露台前端，像船头一样向外挑出。倚着栏杆在长凳上坐下，伸出手就能摸到随风摇摆的树枝。一条铺着木地板的走廊，联系起三间卧室和卫生间。透过走廊的落地玻璃窗，可以饱览另一个方向的海景。卧室的门都采用推拉门，极大地节省空间，显露着日本建筑传统的痕迹。

通过住宅的落地玻璃窗可以饱览美景

朝向山坡和树林的一侧是通长的木质阳台，宽大的坡顶屋檐将阳台完全遮挡。凭栏远眺，不必担心烈日和随时光顾的阵雨。阳台下是桉树林包围着的草地，树下有主人栽种的一丛丛鸢尾花。客厅里一个别致的木楼梯，通向楼下的家庭娱乐室。走出室外顺着草坡而下，是海螺形状的小泳池。

高低错落、优雅舒缓的坡屋顶，生就一幅和周围山坡、树林友好的姿态。当两人一起时，屋主仿佛又沐浴着青城山大树下的凉风，建筑师

李哲士住宅的厨房一角

则回想起东京街头一座座朴实的木房子。建筑最北端的尽头，主卧室自然地扭转了一个角度，以避让一株高大的桉树，这样的处理颇有美国建筑大师赖特的遗风。客厅里砂岩砌成的壁炉，更是标准的赖特式配置。壁炉？是的。虽然瓦胡岛冬季的最低温度也保持在十几摄氏度，客厅里却有一个真正的壁炉。平日里它更像一个有机的装饰，在极少数山风料峭的冬日，笼一炉火，也算是亚热带稀罕的情趣。当奥斯波夫在东京读初中时，经常从赖特设计的"帝国饭店"的工地经过。有趣的是，赖特本人从不避讳他的建筑哲学深受日本传统建筑的影响。

客厅旁的餐厅里有 10 把木椅，出自丹麦著名设计师汉斯·瓦格纳

（Hans Wegner）之手。除此之外，家里所有的桌椅、固定橱柜和木楼梯，都是奥斯波夫特意设计的。它们的木料，都来自原本长在这片地里的一棵粗壮的雨豆树。

数不清有多少个星期日的下午，午睡起来的医生端着一杯本地种植园出产的咖啡，从客厅走到阳光灿烂的露台上，眺望远处波光闪烁的海面。突然间片云飘过，一阵急雨洒了下来。他回到几步之外的屋檐下，在木椅上悠闲地坐下。长长的树影散落在翠绿的山坡上，湿漉漉的山风送来桉树特有的香气。慢慢地品完一杯热咖啡，才发现雨住天晴，海面上已经升起一道淡淡的彩虹。

在海边、在山中，人们永远只是前来借宿的客人。当"如诗如画"已经无力形容四周的自然景观，又有什么样的人造物称得上"惊奇"呢？在这里，无须所谓的"创造"，恰如其分就是完美。

余波

山中的医生住宅，成为奥斯波夫建筑事业的转折点。他在此后设计的一批住宅、学校和小教堂，都散发着类似的自如与谦和。然而，谦和无法成为谦和者的通行证。与李哲士住宅的建造年代基本同时，美国大陆上有一大批精彩的住宅落成，例如"范思沃斯别墅"（Farnsworth House）和"案例研究住宅"（Case Study Houses）等。强悍的混凝土、精巧的钢与玻璃，构成了它们响亮的歌声。谦和者注定不能像那些夸张极致的方盒子一样，在各种杂志和建筑史书上闪耀。

它的淳朴、它的悠然，或许只有夏威夷语中的"卡玛埃纳"（Kamaaina）一词才能贴切地描述。"卡玛埃纳"的本意是"大地的孩子"。实际生活中，"卡玛埃纳"指那些在夏威夷生活了许多年的人，无论他们是否出生于此，是哪一种肤色和面孔。奥斯波夫和李哲士，都是"卡玛埃纳"的代表，而他们共同创造的山中住宅，更是当之无愧的"大地的孩子"。

1959 年，夏威夷正式"晋升"为美国的第 50 个州。和平年代里日益兴盛的旅游业，让瓦胡岛变得越来越喧闹。但是还有某些东西，像海浪和山风一样不曾改变。即使在 21 世纪初的今天，走在以夏威夷命名的街道上，偶尔还会有耳边插着兰花的人与你擦肩而过，仿佛刚从高更的画里走下来。你会听到身旁的"卡玛埃纳"用"迎风面"（Windward）或"背风面"（Leeward）来描述方向，而不是常规的东南西北。

在医生的卧室里，至今仍摆放着一张他与建筑师拍摄于 80 年代的合影。照片上，两位老朋友把酒畅饮，兴致盎然。奥斯波夫与李哲士，相隔 6 年都以 90 岁高龄在檀香山去世，为他们相似的人生经历填上了最圆满的结尾。

李哲士生前并没有告诉 4 个孩子如何处理这座房子，也从未强调不能出售。如今，医生的儿子罗伯特也已年过古稀。他守在这里照料这位老朋友。既是家中的长子又是一名建筑师，罗伯特无疑是这项工作的最佳人选。60 年过去了，谦和者慢慢地赢得了荣誉，李哲士住宅已经成为瓦胡岛的一处名胜。"目前它的估价至少 1 000 万美元，但是我们从未想过把它换成一大堆钞票。"罗伯特的态度非常坚定。

间或有慕名而来的游客，沿着绿树夹道的山路曲折向上，前来参观医生的家。他们在露台上选择最佳的角度，朝着屋檐、树林和大海频频摁下相机快门，却很少有人能猜到这段故事缘起何方——它来自山坡背后，万里之外，郁郁葱葱的青城山。

罗威尔住宅：

健康新生活 ①

罗威尔健康住宅是美国加州历史上第一座钢结构的住宅建筑，也是国际风格的代表。这座房子的最终形态，完全是作为新移民的屋主人新的生活观念的体现。

---

① 本文作者为王玄。

在一本名为《进入洛杉矶》的城市指南中，如此介绍著名的纽波特海滩边的一栋海滩别墅："这是现代建筑史上里程碑式的杰作之一。1926年，鲁道夫·辛德勒（Rudolf Schindler）为一位进步的医生设计了这座住宅。几年过后，在洛菲力兹（Los Feliz），理查德·诺伊特拉（Richard Neutra）又为他建造了另一座。"这位"进步的医生"几乎会出现在每一篇分析辛德勒和诺伊特拉的文章中。两位世界闻名的建筑师都为他造房子的这个人，是谁呢？

罗威尔住宅的设计者、美国著名建筑师理查德·诺伊特拉

通常，人们会称他为菲利普·罗威尔医生（Dr. Philip M. Lovell），《洛杉矶时报》的健康专栏作家，同时也是城中著名的医生，提倡"非药物疗法"，并因此积累了一笔不大不小的财富。在报纸开专栏这年，罗威尔29岁，他像这个新兴城市的许多新移民一样，在极短的时间内，开辟出了自己的事业，尽管他们的来头和背景，彼此并不知晓。

事实上，罗威尔原名叫莫里斯·塞伯斯坦（Morris Saperstein），1895年生于纽约。青年时的塞伯斯坦有保险业的从业经历，对经济学、社会科学更有兴趣，常常去听社会活动家们的演讲，激进的经济学家斯科特·聂尔宁（Scott Nearing）就是他所追随的一位。

1917年，聂尔宁和芝加哥律师、社会活动家克拉伦斯·达罗（Clarence Darrow）进行了一系列辩论，辩题有"民主能治愈这世界上一切的社会顽疾吗""生命值得过吗"。塞伯斯坦听了后一场，达罗对生命的意义持悲观态度，聂尔宁则相反。聂尔宁提出了规律饮食、体育锻炼、空气质量、定期禁食对健康的影响，塞伯斯坦不经意间倾向于他，也开始关心这些问题。

在此期间，塞伯斯坦尝试建立自己的保险公司，却处处受到掣肘，失败了，于是他决定到西部去。去之前，他在密苏里一所教授脊椎按摩法颇有名气的学院拿了个文凭，这一纸文凭成为他进入新世界的入场券。

当时的加州就是一个光怪陆离的新世界。1848年，战败的墨西哥将加州割让给美国，同一时间，这里发现了大规模的金矿，在接下来的100年间，东部移民者大量迁入。这块原本就混杂了乡土文化、西班牙殖民文化和墨西哥风情的土地，又加入了来自东部的文明和掘金者们的梦想。

新世界的复杂与新奇在生活方式上有着直接的体现。20 世纪 20 年代，作家路易斯·亚当到达洛杉矶时，发现这里充斥着脊椎按摩法、整骨疗法及非药物治疗医生、精神治疗家、健康演讲者、健康设备制造商、健康产品销售员。这些都成为稳定和正规化的职业。还有层出不穷的心理分析师、会催眠术的人、神秘主义者、研究天体和星座的临床医学家，许许多多奇怪的男人女人。

1923 年，在全国结核病协会的会议上，洛杉矶医生乔治·道克提出了一个通过休息、锻炼、空气、光和食物来治疗肺结核的方案。这在他人看起来有些可笑。《美国医学会学报》编辑莫里斯·费斯宾到访洛杉矶时，如此形容这座城市："洛杉矶闻名于全美医学界，这里是医学骗子和迷信者的沃土。"

在费斯宾看来，笃信这种生活方式的人，只不过是一群从东部移民过来的有慢性病的老年人。他们因为不健全的州医疗保险制度而没有得到很好的保护。于是他们走向另一个极端，尝试所有奇怪的治疗和精神胜利法。

但是集中涌现的民舍、露营地、海边旅馆已经开始回应这种健康生活观念。洛杉矶成为一个新生活观的中心。许多人相信，在户外生活是人类唯一的完美生活模式。从 19 世纪 90 年代开始，就相继有健康中心建立起来，有一些建在远离城市的郊外、山区。高速公路路网不发达时，人们只能通过小型铁路和崎岖的山路进山、爬山、露营。而城市的另一端是太平洋，冲浪者、游泳者和排球爱好者享受着海洋和沙滩。游泳是原来的定居者们旧有的活动，但冲浪和沙滩排球则是 20 世纪的新现象。

掌握脊椎按摩术的塞伯斯坦一到达洛杉矶就改掉了自己原来的名字。在这个新世界，他有一个新身份，菲利普·罗威尔医生。很快，他就在城中积累了一些客户，小有名气，成为非传统医学的一个代表。就连后来能在《洛杉矶时报》开专栏，也是因为他的病人哈利·钱德勒，这个狂热的脊椎按摩疗法的推崇者是该报编辑。

专栏名为《关心健康》（*Care of the Body*），从 1924 年开始，一直写到"二战"前。罗威尔鼓励他的读者通过日常饮食和生活习惯来保持健康，尤其推崇体育活动。后来，在这些常见的建议之外，他另辟蹊径，开始讲述房子对人体健康的重要性，认为人们应该建造和居住在能让自己更健康的房子里。

1926 年，设计师鲁道夫·辛德勒为他设计和建造了一栋海边别墅，外形简洁，但内部结构充满动感。房子的质量不错，只是最终的建造费用略超出预算。三年之后，当罗威尔想在山上建另一所住房及工作室时，他放弃了辛德勒，而是选择了辛德勒的合作伙伴、同为欧洲移民的诺伊特拉。

整栋房子采用钢架结构，围之以轻质复合结构的外罩，是加州历史上第一座钢结构住宅。建筑物竖立于一座峭壁的边缘，可以收览一片富有浪漫色彩的半野生的公园景色。外部形态简洁，纯白色，没有过多的装饰，大规模的玻璃窗嵌在墙体中，但悬挑出来的楼板又富有戏剧性。别墅内部则有细致的分层，以此来适应山坡上倾斜的角度。室内有许多创造性的细部，如悬挂的铝质光槽和为楼梯间照明的福特 T 型头灯。

后来，这座名为"健康住宅"的房子成为 20 世纪南加州一处象征

罗威尔健康住宅采用钢架结构，围之以轻质复合结构的外罩，是美国加州历史上第一座钢结构住宅

着非传统医学和健康生活的地标，也是国际风格建筑的典范。国际风格，用来指一种在"二战"前后，在发达世界范围内得到推广的立方主义模式的建筑艺术。从外形上看，国际风格的建筑像是一个个立方盒子。但实际上，这些建筑并非完全均一，它们总是根据特定的气候和文化条件，发生一些精巧的变化。在这些不同的背后，又有一些统一的现代手法，例如偏爱轻型技术、现代合成材料和标准模数制的部件，以利于制作和装配。

　　房子建成后，罗威尔非常兴奋。他在自己的专栏中数次详细地描述这个新家，并邀请读者前来参观。接近 5 000 人或开车或走路或者坐公

罗威尔健康住宅客厅一角

车，用各种方式来到这座紧邻山边公路的住宅。出现在他们眼前的，是一个用钢架和混凝土建起的光滑建筑，与此前加州多见的那些西班牙式的土木结构房屋大有不同。

　　罗威尔写道："大多数人也许负担不起这样一座房子。但是许许多多健康的设计和建造元素，可以为其他房子，哪怕是乡间农舍所借用。"首先，第一次在加州住宅中应用的钢材，就是一种可靠的材料，它防火防虫又防震。及至建筑内部，浴室里有个大浴缸，可以在里面进行"马拉松"式的沐浴，现代化的卫浴洁具十分干净。卧室配有露天阳台和门廊，天气好的时候就睡到户外去。厨房严格遵照卫生原则，而且配有自动化的炊具，电洗碗机、自来水过滤器、咖啡和谷物研磨机以及蔬菜清洗机、硕大的储物壁橱，每一个即使不善烹饪的普通主妇都能在厨房中应对自如。

罗威尔推崇有助保护视力的间接光源。他说："我们通常在夜晚阅读，可是建房时，却很少考虑灯光和照明系统的设计。"在三年的工程期间，他无数次提醒诺伊特拉，他需要窗户、阳台、灯光和自然。房子快建好时，罗威尔骄傲地提前宣布，这间房子的玻璃窗之多，是前所未见的，开了窗，在家里进行裸体日光浴也没问题，而这个日光浴场只独属于住在这里的家庭成员。居室的周围，配套建起的是小型操场和教室。孩子们在教室里学木工、做模型，在操场上打篮球、玩手球，还有那个不规则形状的露天泳池，一边游泳，一边远眺洛杉矶市景。

这座别墅使得罗威尔名声大噪，他在这里开设了罗威尔体育健康中心，讲授非传统医学和心灵疗法的课程。虽然这座房子的建造费用更为离谱，超支了一倍之多，但是罗威尔与诺伊特拉保持了非常好的关系，许多年后仍时常通信，两人受彼此影响颇深。

作为诺伊特拉的早期作品，罗威尔健康住宅除了具有明显的室外活动与娱乐区域外，也和大自然中的健康因素紧密相连。诺伊特拉后来的作品和论文也体现了这一点，他总是关心环境对人的精神系统和健康所能产生的有益作用。他甚至提出了名为"生物现实主义"的观点，也就是使建筑形式与人体健康相联系的论说，由于缺乏足够的证据，听起来有点儿像伪科学。但是不可否认的是，他的设计手法中渗透出了超越功

罗威尔健康住宅的屋主人曾骄傲地说，这间房子的玻璃窗之多，是前所未见的

能主义的态度，对人与自然的关系有所观照，这在他后来的代表作"考夫曼沙漠别墅"中就有所体现。

诺伊特拉在《从设计中寻求生存》一书中写道："迫切需要的是，在设计我们的物理环境时，我们应当自觉地在最广义的含义下提出寻求生存这个根本问题。任何使人的自然机体受到损害或施加过分压力的设计均应废除或做出修改，以使其符合我们的神经系统的需要，并推而广之，使其符合我们总体生理功能的需要。"

隈研吾的住宅：

消失的房子 ①

不张扬，不卑不亢；关照生活的初衷，从建筑本位和单体层面都回归生活；造就以人、以生活，而不是以建筑为中心的场景，成为隈研吾创建住宅项目时的"情感原则"。

---

① 本文作者为黑麦。

隈研吾所著的《负建筑》表达了这样一个主题：在不刻意追求象征意义，不刻意追求视觉需要，也不刻意追求满足占有私欲的前提下，可能设计出什么样的建筑模式？除了高高耸立的和洋洋得意的建筑模式之外，难道就不能有那种伏贴于地面之上、在承受各种外力的同时又不失明快的建筑模式吗？

　　经历过日本泡沫经济的冲击后，隈研吾曾经的强建筑观发生了转变，他认为"消失的房子"或许更经得起冲击，更为重要的是，它还能让失去安全感的现代人感受到传统建筑的温情和柔性之美。那时，他开始从关注大建筑转向小建筑，特别是住宅的研究和实践。

　　隈研吾反对安藤忠雄。当他还是建筑系学生的时候，他的前辈安藤就已经凭借自己的"清水混凝土"建筑扬名了。推崇的热忱背后，还有一双批判的眼。在隈研吾看来，混凝土这个封闭的形式让人觉得"呼吸不畅、身体拘束"，因此，他主张使用"和纸"、竹子、木材、玻璃、泥砖等自然材质。他认为这些材料才能打造让人的身体真正舒展的建筑，"材料的使用已经远非解决功能，也是在构建一种情感"。

　　对于隈研吾来说，居所会反映出个人的生活态度。他至今仍旧住在位于东京的神乐坂，这个地方依然保留着日本东京100年前街道的风貌，隈研吾觉得这里充满情感，因为他用大量的自然材质修缮了顶楼花园与屋内空间。然而，他并未对房子的外观做出修改，面对一切"耀眼"的装饰，隈研吾似乎早就学会了做减法，他觉得"真正的居所要把外界赋予的精美包装纸一层层卸掉"。

　　因此，不张扬，不卑不亢；关照生活的初衷，从建筑本位和单体层

隈研吾设计的"水樱桃"住宅

面都回归生活；造就以人、以生活，而不是以建筑为中心的场景，成为隈研吾创建住宅项目时的"情感原则"。

"水樱桃"（Water Cherry）住宅是隈研吾两年前完成的住宅项目，它坐落在一座自然公园的悬崖顶端，站在住宅的阳台上，即可以俯瞰整个东海岸的美景。选址似乎至关重要，由于建筑本身对于环境具有侵占性，隈研吾总会对具有较好风景线的项目反复考量，它认为这些建筑需要有特别"友好"的外观和功能，才能符合"负建筑"的基本需求。

"水樱桃"由一系列坡屋顶体量组成，这些空间由一条室外步道连接，在建筑与自然水景间建立了强有力的关联。极其纤细的金属框架和步道以及没有主体建筑的分散式空间布局创造了一种轻盈漂浮的感觉，立面装饰有宽敞的透明玻璃，反射了天空和周围树木，让建筑好似消失在水平面上。屋顶飞檐底部和户外平台装饰了一层轻薄的木板，木平台被单独的榻榻米和室打断；在房屋内部设有纸拉门和花纹天花板。这些

"水樱桃"住宅由一系列坡屋顶体量组成

"水樱桃"在建筑和水景区建立了强有力的关联

设计让居住者无论在户外还是室内都可以毫无顾忌地观看风景。

限研吾特别强调:建筑物体量小并非就是负建筑,有些别墅虽然

立面装饰有宽敞的透明玻璃

体量小，但是外形张扬高调，依然给人以压迫感，也仅仅属于强建筑一类了；负建筑不应该只在视觉上符合外界环境，它的功能性亦不能过于"人为"，当居住者穿过建筑时，他的观感应与外界一致，这能够说明建筑的"融合性"。

"负建筑"的根本意义是"适宜的建筑"，他希望设计出的建筑并不突出，设计建筑即消除建筑。他总是用"龟老山展望台"举例，他认为那是自己的"隐形建筑"代表作，龟老山展望台本身是一个切口，隈研吾将山顶切开，重新将它推回到原始的山地状态，将这个切口埋入地下，从山顶看起来，展望台就是山谷中的一道裂缝，也可以从中看到濑户内海的全景，从山下看，瞭望台彻底消失，加上植被，游客也只能看到山本身。隈研吾《自然建筑》一书中写道："展望台属因地制宜，那样的地理环境也会对建筑的成品造成影响。"

木平台被单独的榻榻米和室打断

极其纤细的金属框架和步道创造了一种漂浮感

　　限研吾似乎喜好依山水建房屋，在湖边住宅、莲屋等作品中，他都将自然景观变成屋内窗景的主要构成。周围的水汽，恰好让这些住宅处于"仙境"之中，为了捕捉住宅的这一特色美感，限研吾用倾斜的墙壁穿插中央，将住宅与湖水、植物融合，将房屋的开口慢慢导入住宅之中。限研吾认为，建筑最终要成为一个不断变化的现象，随着气候、季节、地点不断变化。他所探究的是一种不可以追求的象征意义，不刻意追求视觉的需要，不刻意追求占有欲的前提下产生的建筑模式——即伏贴于地面，在承受外力时不失明快的建筑模式。

王澍自宅：

50 平方米的园林之家 [①]

1997 年，王澍在杭州得到了一套单位福利房，两室一厅的房子只有 50 平方米，空间狭小且格局老旧。在这个最初的容膝之地，还默默无闻的王澍第一次自由地实现了自己的哲学思考——他建筑了一座实验性质的园林。

① 本文作者为刘敏。

王澍设计作品：宁波
博物馆

宁波博物馆根据采光
要求布置了不同疏密
和大小的窗户

王澍

定居的起点

　　34 岁时的王澍，依然是个离经叛道者。1997 年，他正过着隐士一般的生活，在西湖边的灵隐寺附近，他与妻子陆文宇租了一位茶农的房子。此时，王澍正在读同济大学建筑系的博士学位，平时有一搭没一搭地做点零工，家里的生活来源主要靠妻子一个人。

　　与此同时，当年王澍的大学同学们，已经在各自的领域内工作了近10 年，那正是国内房地产起步的阶段，大量的商品房在各地拔地而起，他一直躲着这股潮流，"这个时代钱太多，但不属于我"。

　　认识王澍的人应该不觉得惊讶，这不过是他东南大学建筑系"异类"

宁波五散房

印象的延续。硕士二年级时，24岁的王澍写下长文《中国当代建筑学的危机》，从梁思成开始，一直到他的导师齐康，把中国近现代建筑史上的大师们挨个批了一遍，认为他们单一地用西方体系来理解中国建筑文化，遗失了中国建筑自身的脉络。毕业论文《死屋手记》是长文的延续，从西方现代建筑的根源问题开始讨论，以"空间的诗语结构"为副标题，批判现代建筑的"功能主义"，称他们闻不到精神的味道，造成人性和灵魂的丧失。这篇毕业论文让系里异常尴尬，王澍拒绝了修改的建议，最终因此没有拿到硕士学位。

随后的10年，王澍"在民间给人家装修房子"，蛰伏在西湖边，没有做建筑，整日在想怎么做建筑。1997年，单位分给了他一套两室一厅的福利房，这套房子在杭州长板巷的一座七层公寓的顶层，层高 2.85 米，室内面积只有 50 平方米，无甚出奇。

漂泊多年的王澍当然是喜悦的，这个三扇窗，一扇朝南、两扇面西的小房子，是他定居的起点。一向特立独行的王澍自然不会让它变成普通的住宅。适时，王澍刚刚细读了童寯先生的遗著《东南园墅》，他得出了一个结论：在一个中国文人的生活世界中，他的诗意安居需要一个园林。

这个园林是"他从世俗的忧烦和日常劳累里提供一处避嚣场所"。园林里容得下某些反常的习惯，不合情理的习俗，以及些许轻率与荒唐，这是一种宽纵而非强制的领域，一个无法排除在文人视线之外的场景，无论任何年代。

两室一厅是一个俗常的格局，是社会内在规范的外在意象。这个房子是一种话语体系，王澍要重建它。

造园

首先是破坏。

王澍拆除了住宅内部所有的门和非承重隔离，以此来破坏空间本身的分类法。原有的格局在王澍看来是一套意识形态的规约，人在迈动双腿前就被决定了行走的方向，与其说人在使用住宅，不如说住宅在使用人。当房间被抽空后，阳光畅通无阻，"暗示建筑语言将有机会呈现从日出到日落的全部可能性"。

随即是一个令很多人不解的做法，王澍把小卧室侧墙上的壁柜还原成门洞，和原来（已被拆除屋门）的门洞只有一步之遥。一个小卧室里出现了两个形状相同、大小略有差异的门洞，中间夹着一片看起来十分尴尬的90度角墙体。"无法连续的墙体却开始初具片段化的特征"，这实在是太形而上的解释，很多来访的客人都不解其意。

更加超前的做法，是把卫生间的玻璃换成透明的，而厨房用了磨砂玻璃。这来源于妻子的一句对调的嘲弄，卫生间由此变成了杜尚的小便池一样，一个最私密性的空间用最无私密性的语言说出。厕所扩大了这座玩具园林的景深，这个反常的做法再现了园林中缩景的概念，只不过这个景色是脸盆与马桶——只属于20世纪的一种反讽。

阳台上的"亭子"，是这所房子中最浅显的园林表达了。住宅内每天最早被阳光照亮的阳台，被嵌入了一个长方形的盒体。地面升高4块木地板的高度，顶棚降低24厘米，正好嵌在阳台的梁底，并且不安分地在南北轴向上向西偏转90度，以一种运动随意开始的姿态打破既有的结构僵局，表示对平行的拒绝——这正是江南园林中一座亭子的本质摆法，以便在感官的愉悦中坐而论道。

王澍觉得过多的书摆在敞开的书架上让人厌烦，他受不了这个压抑，要它们在视线中消失，他设计了一个带门的书架，敦实的木结构让它看起来更像一个完整的建筑，而非家居的附属品。书房中的木桌硕大无朋，完全参照宋代《营造法式》而做，1.1米×2.2米的桌面是一块透明的大玻璃，可以直接俯瞰到敦实的桌腿本身，使其变成了一个缩小版的房屋。整个房子里，王澍只放置了一把椅子，一个同样造型仿古、结构方正的大椅子，紧贴着墙面，又变成了一个可以坐的建筑。

这就是王澍要造的园林，始于阳台上的亭子，结束于透明的厕所，五个假设的房子在不长的室内道路上打开了一串缺口。"园林的自由建立在不现实的无用上，住宅却需满足起码的起居。说句白话，这个园林的建造，必须要有一个前提：住宅仍是一个住宅。"王澍希望有一个细节充盈的日常生活，就在一个框架格局被紧紧限制住的空间内，做一个与园林本身明朗、放松的气质相悖论的游戏。

当你步入一个园林，你也就走进了一个文人或匠师设计好的流线图，借景、对景、框景等各种手法的运用，让你在行进过程中不断地感受空间变换给你带来的体验和感受。园林给人留下的最深印象不是限定空间的界面，而是步移景异、曲径通幽的空间感受。

不多久，一个两岁的访客变成了最理解他的游园者。这个小女孩央求她的母亲和她一起玩捉迷藏，小女孩绕着小卧室的两扇门，一圈又一圈地跑来跑去，像所有的孩童一样不知疲倦。那个让成年人不明所以的空间，在小女孩欢快的跑动中，用最直接的呈现实现了回廊的意义。

建筑语言的实验

房子快建成的时候，王澍一夜之间琢磨出一套八件的木制灯具，这是他为这个园林做的最后一层意象。

八盏灯都是实木质地，外表方正，各有参差不同，这些微型的建筑有自己的屋檐、墙壁，独柱廊、天窗……八盏灯是一个建筑的小品，散布在住宅中，构成了一个独特的系统，是"八间不能居住的房子"。木工师傅被折磨得头昏脑涨，等到灯被固定在墙上，里面接通一只普通的白炽灯泡时，魔幻般的光鲜把所有的工匠惊得哑口无言。王澍内心很得意，当工程结束之后，只需时不时地变化灯具的外套，他就永远有事可做。

这个园林终于竣工了。对普通人来讲，这里的"园林"是一个形而上的意象，里面没有醒目直接的园林符号，一切的构想都需要跳出一定审美距离才能领会。王澍在建筑和后续的记录中，一刻不停地对自己的做法进行解释，他在用理论建构一个园林。在他的视角里，这个房子是一个四层嵌合——两室一厅里插入五个假设的房子，房子之间插入一个桌房和一个椅房，构成第四层的，就是那一套灯具，它们是只让幻想居住的房子。"在两室一厅中造园就是一种想象的替换，即在一种特定的结构意义上将园林所表达的异质的文化制度嵌入当下的境况，从而重组我们赖以生存的制度的意义。"

在自宅的窗子上，依然有市井生活中必不可少的防盗铁网，窗外对面的白色大楼平淡无奇。在长板巷，这无非是一个就像我们无数次途经都不会多看一眼的居民楼。而已经声名鹊起的王澍和妻子，当然早就离开了这个狭小的居住空间。在自宅之后，王澍把50平方米空间内的建筑实验，转移到了9 600平方米的空间之中，2000年建成的苏州大学文正学院图书馆处在山水之间，这个设计非修修补补，而是彻底的自由创造，它在更大空间内实现了王澍的造园思想，也变成了第一个真正使王澍声名鹊起的作品。

苏州大学文正学院图书馆

原研哉：

家是开启未来的媒介 [①]

人与人之间越来越分散的趋势难以阻挡，家变成了一个既松散又模糊的概念。如何把分散的个体再次聚合在一起呢？这是要面对的不确定未来。

① 本文作者为贾冬婷。

分散后的再聚合

面向东京湾的台场区域是一片填海而生的陆地，相对于东京市中心的拥挤与嘈杂，这里的空旷有一种超现实感。12 栋房子矗立在伸向大海的一块棒球场大小的空地上，1 : 1 实体搭建，但呈现出统一的原木外观，内部也几乎没有任何装饰，模糊了现在与未来的边界。

这里像是一个关于未来的实验室。在 2016 年东京举办的名为"理想家"（House Vision）的展览中，讨论的并不是居住的空间分配和家具布置，而是一个个日本正在面临的社会问题——人口的减少、老龄化社会、年轻劳动力衰退等，12 栋房子就像是 12 个解题的盒子。

"我们将迎来怎样的未来，在产业背后的科技大门敞开的时候，人们的生活或者关于幸福的形态将会发生怎样的变化？一直以来，机器人、大数据、信息基础设施等这些都是作为单独课题被看待，但是单从社会或技术发展一方面出发，很难找到协同思考未来问题的路径。"

日本设计界"教父"、无印良品艺术总监原研哉是"理想家"项目的发起人，在他看来，家就是共同探讨这些问题最独特的选择。因为家既是各个产业的交叉点，又是文化生活的基础，可以作为将老龄化问题、能源问题、环境问题、教育问题、国际化问题、文化问题等整合在一起的"媒介"。

原研哉认为，在经济发展和大量人口涌入城市的大背景下，人与人仿佛越来越分散的趋势难以阻挡。日本有一个调查数据，现在一个人或两个人生活的比例已经高达 60%，而且很多情况下共同生活的两个人并

原研哉

不是夫妇，而是像 90 岁的妈妈和 60 岁的女儿这样的组合。几十年前，大家印象里的一家三口加上爷爷奶奶，两三代人在一个屋檐下，围坐在一起吃饭、看电视，这种其乐融融的场景，可能接下来很难见到了。这是由于人口结构的变化，使得整个居住形态发生了巨大变化。

中国可能不会表现得那么明显，但也已进入老龄化社会。而且，很多小孩长大以后，上学、就业、成家，留在大城市生活，很难再回到故乡。这种分裂，是无法回避的现实。另外，沟通和交流方式由于这种居住形态的变化也产生了比较大的改变。以前邻里之间，经常自己做点什么给邻居送过去，但是现在这种人与人之间物理性的交流越来越少，慢慢地都转移到了网络上，一个人可能和很多人产生联系。伴随着云技术、交通、通信及安保服务事业的发展，人与人之间新的融合方式应运而生，共享服务或超越物理空间的人际网络构建等生活方式层出不穷，生活中的满足与充实的定义也在发生着变化，这或许也是不可逆转的。

"理想家"选取了"分而合 / 离而聚"（Co-dividual）的主题。这个主题反映出一种矛盾心态，就像一个人，单身时向往婚姻，已婚时向往自由，让人不禁想问"你到底想怎么样啊"，但这也正好是现代社会矛盾和无奈的写照。"个人是无法再分割的最小社会单位，现在通过互联网就能在很多层面上与其他人产生非常紧密的联结，'家'变成了一个既松散又模糊的概念。所以，有必要在现在这个时代，去对'家'，以及对'家'在社会中的存在关系进行重新定义。"而且，在这种大形势下，如何把分散的个人再次聚合在一起，也是很多产业必须要面对的。

"如果有冰箱从室外打开的家会怎么样呢？"东京展企划协调人土

冰箱从室外打开的家
（上、下）

谷贞雄说，这个想法最初是在去年的一次研讨会上提出来的，之后想想，日本的物流系统已经做好了实现这一想法的准备，传感和数据解析技术也可以保障这种服务的安全性。

这在设计师柴田文江手中变成东京展的第一个"家"：在家的入口处设置另一扇"门"，既是从外面送到的东西的入口，又是从房屋中发送的东西的出口。根据需要，这一扇门可以分隔为可以上锁的送货上门箱、蔬菜和水果的冰箱、放置待清洗衣物的洗衣箱、持续配送的药品箱等。

土谷贞雄说，现在日本的职业女性比例在逐年提升，她们没有太多时间接收快递，有了这种设计，就算女主人不在家也可以送货上门和收取衣服。另外针对中老年人也提供了非常大的方便，他们可以在自己家中随时确认所需物品是否已经送到。项目的合作企业是大和运输，他们在日本各地铺设的网点大约有 5 000 个，可以在 5~10 分钟就把物品送到所有家庭。可以想象，物流和家居新的连接方式可以让整个产业发生变化。

如果说"冰箱从室外打开的家"是讨论在家居住的可能性，吉野杉之家则应对了人们越来越显著的移动趋势。这一课题也是原研哉的关注重点。他预测，到 2030 年，将有 18 亿到 20 亿人，即世界总人口的三分之一可能处于一种移动状态，到各地观光。这种观光是体验性的，比如到北京，如果看到的都是高楼大厦就没有意义，只有具有当地国土、风土、饮食、文化特色的地方，比如故宫、胡同，才能给移动观光客带来新的启发。

这也是日本未来的方向，借助 2020 年东京奥运会，从制造业大国转

吉野杉之家

型为观光大国。在"理想家"东京展中，爱彼迎（Airbnb）和建筑师长谷川豪合作了面向移动观光人群的房子。这个房子有明确的"甲方"，是为奈良县吉野町制作的。当地的杉树很有名，从室町时代就开始种植，采用"密植"的栽培方法以及在两次伐木中隔出一段时间的"多间伐"，生成的木纹很细腻。这栋房子就在当地采用了这种特有的杉树搭建而成，被分解后运送到会场，在展期结束后将再被重新运回吉野町。

这栋有着宽出檐的狭长木屋在炎热的展场中很受欢迎，门外的走廊上摆满了参观者脱下的鞋子。一般来说供出租的民宿，是私人住宿的部分宽敞，公共的部分狭小。而吉野町项目有趣之处在于，将公共部分放大，私人部分缩小：一层部分是公共的，所有村民都可以自由利用，带孩子的妈妈可以一边让孩子玩耍一边聊天，老年人在散步途中可以来这里喝一杯茶；二层是私人的，坡屋顶下的三角形阁楼只容下两张床铺。这样一来，公共的部分就有可能像一个小小的街区，旅行者可以和当地村民更深入地交流，由此产生新的交流方式。

展场中央的二层吊脚木屋，则是无印良品的"梯田办公室"。无印良品与距离东京一个半小时的鸭川一个小村落有联系，开始是举办居住研讨会，后来在农忙时也会过来帮忙插秧和收割。在他们眼里，虽然粮食收成不是很高，但水稻是日本的风土文化，稻田的管理产生了治理水利的智慧和美丽的农田景观，欢庆丰收之余将多余的稻草编绳，做成草鞋和正月的装饰物，这种景象是绝对不能失传的。

在今天，只要有一部笔记本电脑，就可以在世界上任何一个地方工作。无印良品也是从这个视角探索，在城市和乡村两地工作，一周7天，

无印良品的"梯田办公室"

4天在乡村，剩下3天返回都市，这也是一种新的移动办公形式。在乡村办公的日子，就可以利用这样的梯田办公室，晴天帮忙干农活，雨天做自己的工作，让自己转向"晴耕雨读"的生活状态。

科技会带来幸福感吗？

比起做东西，原研哉认为，设计本质上是"对信息的传达"。信息的一端是消费者，另一端是企业，必须将这两端连接在一起，让人们重新理解什么是家，什么是汽车，什么是手机。

如今的产业形势正在面临巨大转型。一方面，在全球化背景下，因为生产可以在劳动力相对低廉的地方完成，制造由加工厂进行，企业开始致力于开发新的产品，寻求新的市场，核心竞争力转变为对消费欲望的把握能力和体现水平。比如现在日本热卖的汽车，就是因为事先对消费者的欲望进行了详尽的扫描，最终体现为生产出来的日本车往往没有强烈的个性，像温顺的宠物一样，性能好，故障少。

另一背景是科技的发展以及人们交流方式、社会年龄构成、家庭构成等的变化，产业形式正在走向一个新的阶段。原研哉认为，在企业对消费欲望"扫描"的基础上，可以进一步进行"引导"，"不一定先去进行土壤分析，再改良品种。为土壤施肥，同样是一个选择"。

在未来的"理想家"，企业扮演了与设计师并重的角色，而且超越了生活杂货和住宅产业范畴，包括移动工具开发、高科技家电开发、物流、酒店等服务的企业也参与进来，重新审视各个产业未来发展方向的革新浪潮，希望以一种可视化的形式，将隐藏的事物再现到民众面前。比如松下电器，探讨了物联网技术对未来居住可能带来的改变：如果通过物联网把各种需求连接在一起的话，家里的物品会不会逐渐减少，家变得越来越轻呢？

建筑师永山祐子用"三只小猪盖房子"来形容她的设计，她最喜欢的是三个房子中"稻草的房子"，因为稻草的房子有砖头房子所没有的轻便和纤细，同时，通过现代的技术可以把它建造成比砖头房子功能更多的房子。她所搭建的这个房子就是一个看起来很"轻"的螺旋状房子，仿若用薄膜随意卷成。螺旋的缺口是入户门，将人引导进入。室内几乎空无一物，只有中央部分集中了小小的厨房、卫生间和卧室，剩下的环

螺旋状房子

形区域里只有一面弧形白墙。我试了试手中的感应器，发现这面白墙既是屏幕，也是扩音器，各种技术通过物联网连接到墙壁上。房间里的人可以通过墙壁与外界联系在一起，比如通过虚拟技术试穿商店里的衣服然后购买，也可以欣赏地球另一端正在举行的体育比赛直播。

　　丰田则将新能源汽车的功能拓展到作为能量供给源。在合作建筑师隈研吾的构想中，车的后备厢里可以装载多个帐篷，每个帐篷都由利用太阳能的汽车再输出能源。一家人在没有能源基础设施的沙漠、悬崖和海边旅行，也可以根据不同需求随时打开几个帐篷，各自独立使用。这样一来，汽车就不仅是移动的工具，也是居住空间和开拓新关系的工具。

　　今天的整个世界涌现了太多新技术，比如通信、大数据、机器人、收集人体信息的传感器等。"人们会感到困惑,到底应该吸收和摒弃哪些东西,并没有一个确定的答案。一方面,如果自己的感觉不能和科技一起进化,就无法获得幸福。工具本身并没有什么不一样,但是当远远超出自己感觉的工具接连出现的时候,'只要以人为本,工具始终是工具'这一论调就行不通了。但是,我也在反复琢磨科技与幸福感的关系。如果没有产业革命,我们的行动范围就会在很大程度上受到限制。但是,如果没有这些科技,我们是否能创造出同样多的好东西呢?所以,如果从整体来考虑科技发展的利弊的话,有时候会觉得,'科技真的增强了创造性,增加了幸福感吗?'"隈研吾说。

以人工智能为例,实际上很多公司已经在探索,使用人工智能为家居提供新形式的服务。但是,究竟什么样的服务可以带来幸福感呢?因为人工智能可以根据学习效果精准地分析雇主的需求来提供服务,让人产生依赖感也在所难免。但技术的发展结果太过复杂,已经无法真正看清。一个复杂的世界就让它保持复杂的状态吧,也许在这样的探索中,人本身就会发生巨大的变化。

至少,科技带来的幸福感不是全部。展览上,有一个"木格水岸",烈日下,这个种植着枫树的庭院看上去特别有清凉感。走近才发现,庭院里铺设着木质棋盘格子花纹,这种格子是日本古坟时代 ① 的织物花纹,京都东福寺的方丈庭院里就用了这种式样。而且格子高低错落,高的格子可以坐,低的格子则是个凉水池,正好可以没入脚踝。和同格子的人

---

① 古坟时代(250—538 年),又称大和时代,因当时统治者大量营建"古坟"而得名。——编者注

一边泡脚，一边聊天，很快就能建立一种分享的亲密感，人与自然的界限也在消失。这些也从一个侧面回应着原研哉的疑问——不一定要用高科技，才能获得幸福感。

无中生有

原研哉总是一身简洁的黑衣，映衬着耀眼的白发。他把自己的设计思想也归结为"白"："'白'就像冬天的冰凌，遇到阳光会从不同的角度闪烁光明，它代表着透明，代表着零，代表着虚无。'白'所营造的简洁与微妙正是日本美学的源头。尤其是在这样一个高熵的、冗杂的'灰'的世界里，'白'就是照亮荫翳的闪光的部分。"

这一设计理念是在原研哉接手无印良品艺术总监之后逐渐形成的。无印良品 1980 年起家，最初就是生产一些小的办公用品，比如笔记本、信封等，只有 30 个产品。到了 2002 年他接手时，已经拓展到了 5 000 多个产品，涵盖了生活的各种场景。无印良品一开始是从日常生活的审美意识中提炼而成，在简化造型的同时，也进一步简化生产过程。

比如包装纸，如果省略掉漂白纸浆的过程，纸呈现出淡褐色，无印良品就用这种纸来包装商品和制作标签，这样就形成了一个美学意识独具一格的商品群，与当时过分讲究包装的商品形成了鲜明对比。但是，因为整个产业几乎都把生产环节外移到劳动成本较低的国家，无印良品的价格优势渐渐无法维持，而且省略生产过程，不见得能在控制成本的情况下生产出好商品。原研哉意识到，不能只是贩卖单个商品，更为重要的是把这些生活用品组合起来，形成一种生活形态或生活哲学，让消费者一接触到，就能触发一种新的消费观念。

于是，对于原研哉的挑战在于，在日本高速发展的繁华时代过后，一个低成长时期又会拥有什么样的价值观呢？他开始找寻日本传统中的精髓。他受到记者高野孟对于日本地理位置独特观察方式的启发：如果将地图 90 度旋转，把亚欧大陆看成是"老虎机台"，那么位于最下面的日本，就像是一个接珠子的"盘子"。如果这样看，日本以下没有任何东西，背后是一片深深的太平洋，这是一个可以接受所有文化信息的位置。于是，日本就像一个文化大熔炉，全盘接受了很多种文化。

原研哉说，日本人自古以来的边缘意识带来一种审美，什么都没有，如何能在无中生有。最典型的例子是日本室町时代的茶室，在一个近乎空无一物的房间中，双方通过茶来交换思想。当这种意识与各种外来文化融合后，形成一种奇异的混合，就是最彻底的简单。"首先归零，扬弃所有，一无所有中蕴含所有。"

从日本美学出发，原研哉为无印良品定下"空白、虚无"的基调。"现在很流行'OS'（Operation System，操作系统）这个词，我希望无印良品能作为生活中的 OS。它的产品是单纯、空白的，所以才如此通用，如此能够容纳所有人思想的终极的自由性。"从有关家的各种产品扩展到"家"本身，作为融合各个产业的一个平台，更可以通过探讨未来的生活形态，这也是"理想家"的初衷。

原研哉认为，尤其是面对一个不确定未来的时候，设计师应该是那个最先提出问题的人——"如果那么做会怎样？"原研哉的母亲是书法家，他从小就感受着"白纸黑字"的不可逆，通过在白纸上一遍遍练字，产生一种"推敲"的审美，背后是对完美性和确定性的心理需要。而今天生活在互联网的新的思维处理系统中，网络的真正实质是它使人们能拥有共同知识，而无视参与者带来的不完美。那么，如果不可逆性被消解掉，未来会形成什么样的审美意识？

原研哉沉思了好一会儿，打了一个比方："建筑与城市、人与词语，这么多的东西，在当下都好像成了半透明的，或者说好像是半物质的。穿行网络的词语渐渐湮没，它们会以某种方式更新为不为我们所知的东西吗？我们试图扩展在这新的现实中所感受到的新鲜和希望，或许我们大部分的思维意识也会在这半透明的世界里终结。面对这样的不确定性，也像一种'寻宝'的过程。"

对理想家的探讨，也是应对这种不确定性的一种方式。原研哉把这一届"理想家"项目同时带到包括中国在内的几个亚洲国家，让当地的代表建筑师通过各自的展览来处理各自的特有问题。虽然各自发展阶段不同，但他认为，亚洲有共通的文化背景，比如大部分地方进门都会脱鞋，入户先有玄关等，如果将亚洲人的生活习惯与新的技术、新的建筑样式相结合，也许就会在世界范围内创造出一种新的家居形态。

原研哉将中国目前的阶段比喻为一个人的"青春期"，存在很多问题，同时也蕴含很多潜能。而日本，已经过了经济高速发展的时代，进入了"成熟期"。他指出，如果回溯日本的整个发展周期，可以看到人们消费心态的变化："经历了经济高速成长的阶段，泡沫经济的破灭，再加上工业快速发展造成的环境污染，大多数人都已经意识到，物品化并不能带来真正的幸福，也许最小限度的就够了。"

原研哉自己的家，是一个有宽敞的起居室和狭小书房的居室。在他的构想中，未来人们理想的家应该会是一个非常简单、清新的状态。

理想的起居室

试想一下这个画面：桌子上吃完的各种碗碟杯子、各种遥控器，是一种多么累赘的场景。而如果一张空无一物的简单桌子上什么都没有——正因为空荡荡的，才有无限填充的可能，才是一种富有和自由的状态。